表 1.2　关于规模的编程复杂度示例

	具有缓存层次结构的单处理器系统	异构多核系统	具有存储层次结构的同构多核系统
图例	Core RAM	RAM Core Core Core Core	RAM RAM Core... RAM Core... RAM Core... RAM Core...
规模	1	n	n
异构部件种类数	2	$n+1$	$\log_k n+1$
交互种类数	1	n	$k\log_k n$
关于规模的编程复杂度	3	$O(n)$	$O(\log n)$

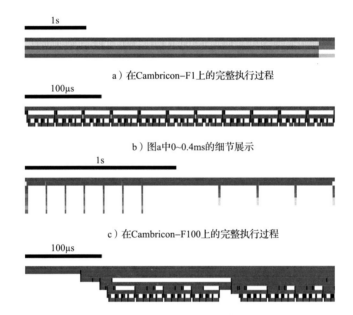

a）在Cambricon-F1上的完整执行过程

b）图a中0~0.4ms的细节展示

c）在Cambricon-F100上的完整执行过程

d）图c中1.4~1.8ms的细节展示

图 3.9 在两种不同规模的 Cambricon-F 机器上执行示例代码（图 3.7）。图中蓝色方块代表 DMA 执行，红色方块代表 FFU 执行，按照从根节点到叶节点的顺序从上到下逐层展示

CCF优博丛书

分形计算系统

Fractal Computing Systems

赵永威————著

机械工业出版社
CHINA MACHINE PRESS

编程难题有并行编程难、异构编程难、大规模系统编程难、跨系统编程难等诸多表现形式。本书提出分形计算概念，通过研究分形计算系统解决编程难题。具体贡献包括：提出分形计算模型，一种采用层次同性原理的通用并行计算模型；提出分形冯·诺依曼体系结构，一种采用层次同性原理的专用并行体系结构；提出分形可重配指令集结构，一种按照分形计算模型设计的分形计算机指令集结构。

本书可以为体系结构领域相关科研人员、受编程难题困扰的从业者提供一些参考和借鉴。

图书在版编目（CIP）数据

分形计算系统／赵永威著 . —北京：机械工业出版社，2022. 8（2023. 11 重印）
（CCF 优博丛书）
ISBN 978-7-111-71334-0

Ⅰ. ①分… Ⅱ. ①赵… Ⅲ. ①程序设计 Ⅳ. ①TP311. 1

中国版本图书馆 CIP 数据核字（2022）第 140909 号

机械工业出版社（北京市百万庄大街 22 号 邮政编码 100037）
策划编辑：梁 伟 责任编辑：游 静
责任校对：史静怡 李 婷 封面设计：鞠 杨
责任印制：邓 博
北京盛通商印快线网络科技有限公司印刷
2023 年 11 月第 1 版第 2 次印刷
148mm×210mm · 4. 875 印张 · 1 插页 · 91 千字
标准书号：ISBN 978-7-111-71334-0
定价：30. 00 元

电话服务 网络服务
客服电话：010-88361066 机 工 官 网：www. cmpbook. com
010-88379833 机 工 官 博：weibo. com/cmp1952
010-68326294 金 书 网：www. golden-book. com
封底无防伪标均为盗版 机工教育服务网：www. cmpedu. com

CCF 优博丛书编委会

博士研究生教育是教育的最高层级，是一个国家高层次人才培养的主渠道。博士学位论文是青年学子在其人生求学阶段，经历"昨夜西风凋碧树，独上高楼，望尽天涯路"和"衣带渐宽终不悔，为伊消得人憔悴"之后的学术巅峰之作。因此，一般来说，博士学位论文都在其所研究的学术前沿点上有所创新、有所突破，为拓展人类的认知和知识边界做出了贡献。博士学位论文应该是同行学术研究者的必读文献。

为推动我国计算机领域的科技进步，激励计算机学科博士研究生潜心钻研，务实创新，解决计算机科学技术中的难点问题，表彰做出优秀成果的青年学者，培育计算机领域的顶级创新人才，中国计算机学会（CCF）于 2006 年决定设立"中国计算机学会优秀博士学位论文奖"，每年评选不超过10 篇计算机学科优秀博士学位论文。截至 2021 年已有 145位青年学者获得该奖。他们走上工作岗位以后均做出了显著的科技或产业贡献，有的获国家科技大奖，有的获评国际高被引学者，有的研发出高端产品，大都成为计算机领域国内国际知名学者、一方学术带头人或有影响力的企业家。

　　博士学位论文的整体质量体现了一个国家相关领域的科技发展程度和高等教育水平。为了更好地展示我国计算机学科博士生教育取得的成效，推广博士生科研成果，加强高端学术交流，中国计算机学会于 2020 年委托机械工业出版社以"CCF 优博丛书"的形式，陆续选择 2006 年至今及以后的部分优秀博士学位论文全文出版，并以此庆祝中国计算机学会建会 60 周年。这是中国计算机学会又一引人瞩目的创举，也是一项令人称道的善举。

　　希望我国计算机领域的广大研究生向该丛书的学长作者们学习，树立献身科学的理想和信念，塑造"六经责我开生面"的精神气度，砥砺探索，锐意创新，不断摘取科学技术明珠，为国家做出重大科技贡献。

　　谨此为序。

中国工程院院士

2022 年 4 月 30 日

推荐序 I

编程生产率（programming productivity）一直是制约新型计算机系统技术推广与应用发展的问题之一，无论是 Jim Gray 于 1999 年在图灵奖获奖演说中提出的编程难题相关挑战，还是 John Hennessy 和 David Patterson 于 2017 年在获奖演说中提出的"体系结构黄金十年"涉及的领域特定体系结构（domain specific architecture）编程问题，都是横亘在计算机体系结构及相关领域研究者面前的挑战，同时也是巨大的机遇。

"分形计算系统"捕捉了"编程-规模相关性"这一问题，创新性地提出了基于层次同性原理的通用并行计算模型——分形计算模型，进一步设计了分形冯·诺依曼体系结构与分形可重配指令集结构，完成了"分形计算系统"从理论模型基础到原型仿真实施的全链工作。"分形计算系统"能够简化编程难度，提高生产率，同时实验还表明其在多项典型机器学习应用上具有出色的性能与效能。

需要指出的是，这一模型的提出、问题的抽象与证明，乃至指令集系统的设计与实施，体现了研究者敏锐的直觉与广泛联系不同事物的能力。这种可贵的研究能力是在对目标事物具有深入理解的基础上，辅以广博的知识积累才能获得的。

回顾计算机发展历史，以图灵可计算为完备性基础、以冯·诺依曼架构为通用处理器体系结构蓝本构建的计算机层次结构具有软硬件去耦合/独立发展的特性，这极大地提高了编程生产率，是现代 IT 技术与应用蓬勃发展的重要基础。在新型计算范式（如量子计算、类脑计算）、新兴器件与材料（如各类忆阻器、光学计算器件）成为当前热门研究领域的同时，希望能有更多的力量投入到提高编程生产率这一问题上。这不仅是新型范式、新兴技术得以推广应用的前提，也是这些新技术自身发展的必需——能够吸引更多的，尤其是跨领域研究人员投入，形成正反馈。正如本书指出的，"编程难题绝不只是软件工程问题，而是需要一种全新的编程方法"，从体系结构角度解读并尝试解决这一问题是非常可贵且必需的。

张悠慧

清华大学教授

2022 年 4 月 8 日

编程模型一直是计算机系统设计中的核心环节，衔接程序员开发效率和计算机系统运行效率。从程序员角度来看，他们希望编程模型尽可能简捷易用，以提高软件开发效率。计算机编程语言从最初的二进制机器编码、汇编语言、C 语言、面向对象语言、Python 语言，到现在的各类领域专用语言，例如 MATLAB，都体现了对程序员简捷友好的一面。但是计算机系统设计的另一个方面体现在计算机系统内部的复杂性和异构性，正如本书描述的，"设备数量和种类呈爆炸式增长"。这使程序员面临巨大挑战，采用程序员友好的编程语言编写的应用程序，在异构多样计算机系统上运行时的计算效率有可能比较低。在超级计算机领域，系统并行规模达到数千万核；在智能计算领域，各类加速器层出不穷，理想的编程模型一直是体系结构设计的核心目标之一。

本书试图从编程模型、计算机系统结构和运行机制上做统一抽象，以解决串行编程简洁性和异构结构复杂性之间的矛盾。作者的创新之处在于，发现用分形思想可以统一刻画编程模型和系统结构，从而提出分形计算系统的设计，包括分形计算模型、分形冯·诺依曼体系结构、分形可重配指令集结构等一系列方法和结构设计。

我非常欣赏本书作者挑战世界级技术难题的勇气。计算机体系结构研究涉及计算机系统的方方面面，包括计算机系统组成、编程语言、应用软件并行优化等多项技术领域，需要了解计算机系统的发展历程，同时要掌握最新的发展动态。作者在攻读博士期间以一个全新视角探究计算机体系结构设计，相信这段研究历程对作者本身也是不可多得的科研财富。

窦勇

国防科技大学教授

2022 年 5 月 30 日

——何谓概念清晰？

感谢中国计算机学会授予《分形计算系统》优秀博士学位论文奖，也感谢学会给我这个机会讲述一个后台故事，它反映了赵永威的博士研究工作如何克服关键挑战，也有助于读者理解分形计算系统的学术概念。

学术概念清晰是科研工作的基本要求和难点。在进入博士研究工作时，赵永威已经具备一些有利条件：陈云霁老师已经提出了分形计算的思想，赵永威的理论基础扎实、动手能力强。他的博士研究工作遇到的最大挑战不是如何设计实现原型系统并加以评估和优化，而是如何创新发展出清晰的分形计算系统学术概念。分形计算系统至少需要哪几个抽象？整体系统的抽象又是什么？少了这些抽象为什么就不行？

学术概念清晰不仅体现在表述问题上，而且需要刻苦研究，包括思考、设计、分析、实现、测试、调试、阅读、讨论交流，以及这些环节的多次迭代。赵永威正是这样做的，他花了将近三年时间将分形计算思想发展成为较为清晰的分形计算系统学术概念。其间，他汲取了前人的智慧，包括扬雄的"以一耦万"系统思想、莱布尼茨的"完满知识"概念、莱斯利·瓦伦特的 BSP 桥接模型、高德纳的终极测试。

作为导师，我很欣慰看到赵永威一步一步地逼近莱布尼茨在 1684 年提出的"概念清晰"的四层境界[⊖]：鲜明、清楚、完全、直觉。站在巨人的肩膀上创新是我们团队的重要研究方法。

- 鲜明：鲜明的概念意味着**可识别**，人们可识别该概念表示的事物，这是概念清晰最起码的要求。阳光下的红花是鲜明的；反之，暗室中的红花则是模糊的。分形编程模型就是一个较为鲜明的串行编程–并行执行概念，使得在规模为 x 的并行计算系统上编程的难度为 $P(x) = P(1)$。

- 清楚：清楚的概念意味着**可定义**，人们可通过一组标记充分地定义该概念。我们可以通过一组光谱学和植物分类学的标记，向盲人讲清楚红花的概念。例如，分形并行模型的一个重要标志是流水执行，只有通过

⊖ 莱布尼茨. 对知识、真理和观念的默思［C］//段德智，编译. 莱布尼茨认识论文集. 北京：商务出版社，2019：269-291。拉丁文原文：LEIBNIZ G W. Meditationes de cognitione, veritate et ideis［G］. Acta Eruditorum, 1684：537-542。

流水才能隐藏多层次结构的逐层开销，使模型的计算效率不随着系统规模的增长而下降。

- 完全：完全的概念意味着**可递归定义**，概念中所有的子-概念皆可定义。例如，分形指令集结构是完全的，它由一组本地指令为基，由 κ-分解过程递归地组成，因此其概念在任意规模的系统上都能定义。

- 直觉：直觉的概念意味着**简捷**，所有子-概念让人们一目了然，莱布尼茨的原话是**一心了然**。分形计算系统的学术概念是分形编程模型、分形并行模型、分形体系结构、分形指令集结构的有机组成，是四个子概念的全栈整合，能够让人们一心了然。

阿尔弗雷德·阿霍与杰佛里·乌尔曼在今年发表的图灵奖获奖讲演论文中强调："计算机科学的核心是抽象。"经过《分形计算系统》的研究过程，赵永威博士已经对"计算机科学的核心是抽象"有了自己的认识。希望《分形计算系统》的读者也能有所收获。

徐志伟

中国科学院大学教授

2022 年 6 月

摘　要

　　在许多领域，编程成本已经成为阻碍计算机技术应用发展的主要瓶颈问题：超级计算机性能走向百亿亿次级别，然而现代超级计算机发展趋势是采用异构运算部件，导致编程困难的问题越来越严重；在物端边缘计算领域，设备数量和种类呈爆炸式增长，而应用程序开发者不可能针对上百亿种异构设备进行编程，因此产生了"昆虫纲悖论"；在机器学习领域，编程框架 TensorFlow 的代码规模已经突破 400 万行，因此为机器学习或深度学习开发领域特定加速器产品的成本主要来源于配套软件生态的研发。

　　编程难题有并行编程难、异构编程难、大规模系统编程难、跨系统编程难等诸多表现形式。本书拟提出分形计算概念，通过分形计算系统的研究解决编程难题。具体来说，分形计算系统为来源于"编程-规模相关性"的编程难题提供了解决方案。具体贡献包括：

- 提出分形计算模型（FPM）—— 一种采用层次同性原理的通用并行计算模型。分形计算模型具有编程-规模无关性，是一种串行编程、并行执行的模型。使用者只需编写串行的程序，该计算模型就可以自动展开至任意规模的系统上并行执行，因此可以在通用领域解决来源于编程–规模相关性的编程难题。

- 提出分形冯·诺依曼体系结构（FvNA）—— 一种采用层次同性原理的专用并行体系结构。相同任务负载在不同规模的分形冯·诺依曼体系结构计算机上可以分别自动展开、执行，因此对一系列不同规模的计算机仅需进行一次编程。以机器学习领域专用体系结构为例，本书实现了一系列分形机器学习计算机 Cambricon-F，以解决机器学习计算机的编程难题。实验结果表明，Cambricon-F 在提升编程生产率的同时，还能获得不劣于 GPU 系统的性能和能效。

- 提出分形可重配指令集结构（FRISA）—— 一种按照分形计算模型设计的分形计算机指令集结构。分形可重配指令集结构能够在分形冯·诺依曼体系结构计算机上定义任意的分形运算，因此可以支持实现分形计算模型，形成通用分形冯·诺依曼体系结构计算机。以机器学习领域专用体系结构为例，本书在 Cambricon-F 的基础上实现了一系列可重配的分形机器学习计算机 Cambricon-FR，以避免 Cambricon-F 在新兴机器学习应用上出现失效现象。实验结果表明， Cambricon-FR 在避免出现失效现象、提高系统运行效率的同时，还能通过定义分形扩展指令缩短描述应用所需的分形指令串的长度。

关键词:分形计算模型;分形冯·诺依曼体系结构;并行编程

ABSTRACT

The programming productivity issue has become the bottleneck which hinders the application of emerging computer technologies. Supercomputers have entered the exascale era, while the trend of heterogeneous characters leads to the programming productivity issue being more serious. For things and edge computing, with the exponential growth of both the number and species of devices, application developers can not program for more than 10 billion device species individually, resulted in the *Insecta Paradox*. In the machine learning domain, the lines of code of TensorFlow, a programming framework, reached 4 million, which proves that the R&D cost of the supporting software has dominated the development cost of a domain-specific architecture (DSA) for machine learning/deep learning.

The programming productivity issue can take various forms, including the parallel programming issue, the heterogeneous programming issue, the large-system-scale programming issue, and the cross-system-scale programming issue.

We proposed the concept of *fractal computing* as our response to the programming productivity issue. More specifically, the fractal computing systems can solve the programming productivity issue caused by the programming-scale variance. We made the following contributions:

- We proposed **Fractal Parallel Model (FPM)**, a general parallel model designed under the *isostratal* principle. FPM is *programming-scale invariant*, and it is a **Serial Code, Parallel Execution (SCPE)** model. The programmer only writes serial code, and FPM can expand the code to an arbitrary scaled parallel system and execute parallelly. Therefore, FPM can solve the programming productivity issue caused by the programming-scale variance, in general domains.

- We proposed **Fractal von Neumann Architecture (FvNA)**, a computer architecture designed under the *isostratal* principle. The same workloads can expand and execute on the fractal machines with different scales, hence a series of fractal machine requires to be programmed only once. We choose the ma-chine learning domain as a driving example and implemented a series of fractal machine learning computers, i. e. Cambricon-F, as a response to the pro-gramming productivity issue. The experiment results show that Cambricon-F not only improved programming productivity but also attained comparable performance and energy efficiency as GPU systems.

- We proposed **Fractal Reconfigurable ISA(FRISA)**, an ISA specially designed to support the FPM model on FvNA hardware. The FRISA can define any fractal operation as fractal expansion instructions, to form a general FvNA computer. We choose the machine learning domain as a driving example and implemented a series of reconfigurable fractal machine learning computers based on Cambricon-Fs, i. e. Cambricon-FR, as a response to the *inefficiency* issue encountered in Cambricon-Fs. The experimental results show that Cambricon-F can solve the inefficiency issue to improve the overall performance, and also reduced the length of fractal instruction list to define the benchmark applications.

Key Words: fractal parallel model; fractal von neumann architecture; parallel programming

目 录

第 1 章　绪论

第4章 分形可重配指令集结构

第 5 章 讨论与总结

插图索引

表格索引

第1章

绪论

在许多领域，编程成本已经成为阻碍计算机技术应用发展的主要瓶颈问题：超级计算机性能走向百亿亿次级别，然而现代超级计算机发展趋势是采用异构运算部件，导致编程困难的问题越来越严重[1]；在物端边缘计算领域[2-3]，设备数量和种类呈爆炸式增长，而应用程序开发者不可能针对上百亿种异构设备进行编程，因此产生了"昆虫纲悖论"[4]；在机器学习领域，编程框架 TensorFlow 的代码规模已经突破 400 万行[5]，因此为机器学习或深度学习开发领域特定加速器产品的成本主要来源于配套软件生态的研发。编程难题有并行编程难、异构编程难、大规模系统编程难、跨系统编程难等诸多表现形式。本书拟提出分形计算概念，通过分形计算系统的研究解决编程难题。

1.1 研究背景

早在 1999 年，Jim Gray 就在图灵奖获奖演说中提出了未

来计算机科学技术的十二个挑战难题,其中最后一个称为
"自动程序员" (automatic programmer) 难题[6]。"自动程序
员"难题要求我们设计一种新的描述语言或用户接口,从而
达到以下三个目标:①使应用程序设计的描述简化 1 000 倍;
②可以由(现有)机器编译⊖;③具有完备的功能,可以描
述任何应用。

在编程难题的挑战下,某些软件系统的开发工程对于人
类而言将变得不可行。通常情况下,一个高级软件工程师独
立工作时,平均每天能够产出 50 ~ 500 行代码;而当他与团
队合作时,平均每天的产出将骤降至 5 ~ 50 行。这种现象被
归纳为布鲁克定律(Brook's law)[7]:随着软件开发团队规
模的增长,开发效率将显著下降,最终出现"向进度落后的
项目增派人手导致进度更加落后"的结果。因此,软件开发
的成本将随着软件复杂度的增长而呈爆炸式增长。如不对软
件复杂度加以控制,开发团队很快就会面临这样一种情况:
招募新的软件工程师加入团队需要承担的管理和摩擦成本已
经超过了增加的生产力,因此开发团队的生产速率已经达到
了上限;而按这样的生产速率,软件的开发速度甚至追赶不
上软件需求变化带来的软件复杂度的提升速度——这意味着
该软件的开发工作已经超出了人类目前的能力范围,而这种

⊖ Jim Gray 的原意是强调可以由机器编译,我将该目标重新解释为
不需要另外设计新的计算机来编译或执行。

情况绝非罕见。在本书中，我将这种情况命名为"人能上界"（man-capability bound）。

博士在读期间，我曾参与寒武纪软件研发工作，经历了开发团队由 2 人逐渐扩张至 60 人的过程。在此期间，该软件的代码规模严格保持指数上升的规律，每 5 个月增长一倍，增长速度远远超过著名的"摩尔定律"（Moore's law）中芯片规模的增长速度——后者每 18 个月才增长一倍。这种软件规模增长规律是恐怖的，它意味着我们将在 2~3 年内撞上"人能上界"，之后我们对新增软件需求的覆盖能力将不可避免地下滑，直至完全丧失。因此，出于工程需要，我们必须提出一种新方法来压制软件复杂度的增长。

此时，软件复杂度增长的主要原因是系统规模的增长。如图 1.1 所示，最初针对一个单核心架构的加速器构建软件；但随着新硬件 MLU100 的推出，开始为一个具有 UMA 共享式内存的多核心并行架构而重新构建软件；紧接着推出的 MLU270 采用了 NUMA 架构的多层存储结构，需要再一次重构软件。当软件团队初具规模时，每一次软件重构都牵涉到高昂的管理和沟通成本；除了代码之外，还需要重做文档、测试程序和教程，而这些工作的成本都是代码开发成本的数倍。一时间，软件开发团队的生产力严重不足，满足不了客户日益增长的软件需求，持续造成经济损失。

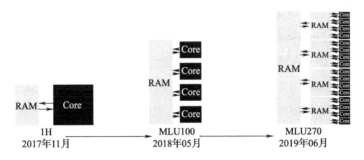

图 1.1 寒武纪 MLU 系统规模的增长

同样的情况不止出现在一个团队中。事实上，编程难题早已困扰计算机科学界逾 60 年；随着并行、分布式、物端、异构计算等技术接连兴起，编程困难的情况不仅未能得到改善，反而呈愈演愈烈之势。超级计算机应用难以普及的原因是：编程困难，租用超级计算机学习编程成本过高，人们只能开发模拟编程环境解决学习成本问题，却始终无法解决编程困难的问题；物端边缘计算领域应用多样、硬件多样，但硬件之间的资源和能力天差地别，导致每一项应用不得不单独为各硬件专门编程做适配；神经网络加速器成为新兴热点行业，吸引了众多行业巨头、创业公司共同参与，每天都有新的加速器芯片产品发布，最后被应用的却少之又少，因为加速器软件生态适配的成本远远超过了设计一款加速器硬件的成本。

以上背景故事像是一个软件工程问题。然而 Jim Gray 指出，编程难题绝不只是软件工程问题，而是需要一种全新的编程方法。

1.2 研究问题

作为一名体系结构方向的博士研究生，我将试图从体系结构的角度解读编程难题。

1.2.1 编程难题

计算机体系结构有着异构、并行、层次化的发展趋势。以最先进的 GPU 系统——英伟达 DGX-1[8] 为例，如图 1.2 所示。英伟达 DGX-1 采用宿主-设备异构、多设备并行、层次化的体系结构：①计算机总体的体系结构（见图 1.2a）包含异构的宿主（CPU）和设备（GPU），多宿主、多设备需要并行编程控制；②单一设备内部的体系结构（见图 1.2b）包含缓存、输入/输出模块和控制模块，以及多个流式多处理器（SM）；③每一个流式多处理器内部的体系结构（见图 1.2c）包含本地存储器、输入/输出模块和控制模块，以及多个处理器组（Warp）；④每一个处理器组内部包含多个、多种运算功能部件，各运算功能部件间共享控制结构和寄存器堆。在 DGX-1 系统上进行编程，需要：

- 为宿主（CPU）编程，例如编写 C++程序。
- 为并发地使用多宿主/多设备并行编程，例如采用 MPI[9]、NCCL[10] 等并行编程接口。

- 为异构的设备（GPU）编程，例如编写 CUDA[11] 或 PTX[12] 程序。在编写异构设备程序时，程序员需要显式地控制 GPU 中的多个层次结构，包括：将计算任务划分为网格/区块/线程，控制它们之间的同步；分配使用全局存储/共享存储/寄存器堆上的存储空间，控制它们之间的数据搬运。显然，该系统是**层次异性的**，即该系统中每一个层次都由不同的硬件结构构成，采用不同的控制方式，在编程时需要分别显式控制。

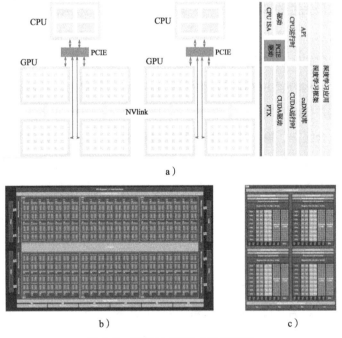

图 1.2　英伟达 DGX-1 体系结构

在该系统上编程时，程序对系统规模是敏感的。针对 DGX-1 编写的程序移植到其他不同规模的 GPU 系统（例如 1080Ti）后，只有经过修改才可高效执行。这使程序员需要针对不同设备分别编程，系统之间的程序不能自由迁移。

从以上例子，我们分析出编程难题的表现形式和解决编程难题要达成的目标，如表 1.1 所示。异构编程、并行编程、层次异性编程、对不同设备分别编程是编程难题的表现形式，而要解决编程难题我们需要达成的目标是同构编程、串行编程、层次同性编程，并且允许相同程序在不同设备之间自由迁移。

表 1.1 编程难题的表现形式和解决编程难题要达成的目标

编程难题	目标
异构编程	同构编程
并行编程	串行编程
层次异性编程	层次同性编程
对不同设备分别编程	相同程序在不同设备之间自由迁移

1.2.2 问题来源

我们将编程随着系统规模的扩展而变得复杂的性质命名为编程-规模相关性（programming-scale variance）。以 1.1 节中所述寒武纪 MLU 系统为例，MLU 系统的编程随着规模的扩展而变得复杂，如图 1.3 所示，其原因包含以下 4 点：

- **并发**。我们认为并行编程比串行编程更困难，串行编程属于并行编程在系统规模为 1 时的一种特例。并行编程时需要从算法中分解出相互无依赖关系的子任务，并发度越高越难寻找并拆分出足够多的子任务，导致编程随着系统规模扩展而变得复杂。

- **异构**。随着系统规模增加，需要编程控制的系统部件种类增加，针对不同种类的系统部件需要分别编写程序控制，因此导致需要编程控制的组件种类会随着系统规模的扩展而增加。

- **交互**。随着系统规模增加，各部件之间的交互关系变得复杂。如果不建立合理的体系结构约束，当系统中包含 n 个部件时，系统内可能会产生 n^2 种不同的交互，编程者需要在程序中描述、建立这些随着系统规模扩展而迅速增加的交互关系。

- **异步**。随着系统规模增加，系统运行时可能进入的状态数量增加，并行程序的正确性更加难以验证。

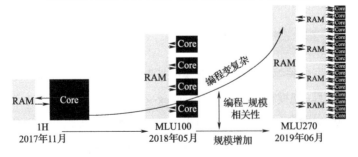

图 1.3　寒武纪 MLU 系统中的编程-规模相关性

其中并发、异步与系统运行的应用负载紧密相关，而异构、交互与系统本身紧密相关。因此，我们可以明确地刻画异构与交互两项要素，以便为衡量系统编程的难度提供一个客观标准。

定义 1.1（关于规模的编程复杂度）　为一个规模为 n 的并行计算系统编程时，程序员能够控制的计算系统部件（包括处理器和内存单元）的种类或部件之间交互的种类的计数。

关于规模的编程复杂度示例如表 1.2 所示。

表 1.2　关于规模的编程复杂度示例（见彩插）

	具有缓存层次结构的单处理器系统	异构多核系统	具有存储层次结构的同构多核系统
图例			
规模	1	n	n
异构部件种类数	2	$n+1$	$\log_k n+1$
交互种类数	1	n	$k\log_k n$
关于规模的编程复杂度	3	$O(n)$	$O(\log n)$

表 1.2 中各系统的说明如下：

- 具有缓存层次结构的单处理器系统仅包含单一处理单元，因此定义其系统规模为 1；该系统内包含两种程序员可以控制的异构部件，即处理器核（Core）和存储器（RAM），异构部件种类数为 2（虽然具有多级缓存结构，但由于缓存对程序员是隐藏的，因此根据定义 1.1 不计入种类数）；该系统包含一种交互，即处理器核与存储器之间的访问关系，因此交互种类数为 1；该系统关于规模的编程复杂度定义为 3。

- 异构多核系统中包含 n 个异构的处理器核和 1 个存储器，因此定义该系统规模为 n，一共包含 $n+1$ 种异构部件；由于各处理器核之间不交互，因此交互种类为各个处理器与存储器之间的访问关系，交互种类数为 n；该系统关于规模的编程复杂度定义为 $2n+1$，或渐进表示为 $O(n)$。

- 具有存储层次结构的同构多核系统包含 n 个处理单元，因此系统规模定义为 n；在该系统中，每 k 个处理器核搭配一个存储器构成一个存储层次结构，因此该系统具有 $\log_k n$ 层存储层次结构，引入了 $\log_k n$ 种异构的存储器单元，由于全部 n 个同构处理器属于同一种部件，该系统的异构部件种类数为 $\log_k n+1$；由于该系统是同构的，因此每一层存储层次结构内需要定义的交互关系仅有 k 个，一共形成 $k\log_k n$ 种交互；该系统关于规模的编程复杂度为 $(k+1)\log_k n+1$，或渐进表示为 $O(\log n)$。

根据定义 1.1，进一步定义编程-规模无关性。

定义 1.2（编程-规模无关性） 关于规模的编程复杂度为 $O(1)$，即编程不会随着系统规模的增长而变得复杂。

1.2.3　本书针对的问题

本书的研究问题是构建一种具有编程-规模无关性的批处理式并行计算系统，解决由编程-规模相关性带来的编程难题。

1.3　研究内容

要构建一种具有编程-规模无关性的系统，即要寻找一种规模不变量来刻画系统。在几何学中，分形指一个几何图形在不同规模尺度上自相似，因此分形概念中包含一种刻画几何图形的规模不变量。例如图 1.4 所示的一种分形图形（谢尔宾斯基地毯[13]），它是由一组简单的生成规则定义的；不断重复地以一种模式替换图形中的某一部分，可以生成具有任意规模的复杂图形。其中，图形的替换规则即一种规模不变量。如果采用类似的思想，将系统描述方式作为一种规模不变量，是否可以解决系统编程复杂的问题呢？按照该思路，我们提出了**分形计算系统**。

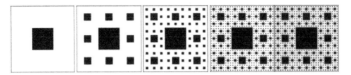

图 1.4　几何学中的分形示例（谢尔宾斯基地毯）

1.3.1　主要原理

　　分形计算系统在不同规模尺度上自相似，具有相同形式的硬件资源抽象、任务负载抽象和执行行为抽象，因此可以做到根据单一层次结构的刻画对系统规模进行任意扩展。本书中将该原理称为*层次同性*原理。

　　对分形计算系统的刻画需要考虑应用负载、硬件结构和执行方式三个方面。从应用负载来看，分形计算系统将应用负载描述为分形运算；从硬件结构出发，分形计算系统硬件具有分形冯·诺依曼体系结构；从执行方式出发，我们提出了分形计算模型来作为算法与计算系统的桥接，并为分形计算系统设计分形可重配指令集结构。三个方面都依照层次同性原理进行设计。

1.3.2　分形计算系统的组成

　　我们形式化定义分形运算来描述分形计算系统的应用负载范式。

　　定义 1.3（分形运算）　一个运算 $f(\cdot)$ 是分形运算的条

件是：仅当可以找到另一个运算 $g(\cdot)$ 使得

$$f(X) = g(f(X_1), f(X_2), \cdots, f(X_k)) \qquad (1.1)$$

式中，$X_1, X_2, \cdots, X_k \subset X$；运算 $g(\cdot)$ 称为归约运算；$f(X_1)$，$f(X_2), \cdots, f(X_k)$ 称为分形子运算。

分形运算应当符合层次同性原理，即采用规模不变量来描述运算的特性。

定义 1.4（κ-分解） 将分形运算 $f(X)$ 按照定义形式分解为一系列运算 $g(f(X_1), f(X_2), \cdots, f(X_k))$ 的过程称为 κ-分解。

类比图 1.4 中的几何学分形示例，κ-分解是图形的生成规则，是一种规模不变量。执行 κ-分解，可以生成具有任意并发度的细节运算行为。

分形冯·诺依曼体系结构是一种层次化、层次同性的并行冯·诺依曼体系结构。如图 1.5 所示，分形冯·诺依曼体系结构在单一层次上具有冯·诺依曼体系结构的部件，包括输入/输出模块、控制器、存储器和运算器。其中，运算器分为两种，包括多个并行执行的分形处理单元（FFU）和一个本地处理单元（LFU）。其中每一个分形处理单元都是同构的，内部具有一个新的分形冯·诺依曼体系结构层次结构。因此，分形冯·诺依曼体系结构的层次结构就是一种规模不变量，构成整个体系结构的分形特性——将分形处理单元替换为层次结构，可以构造任意规模的分形计算机。

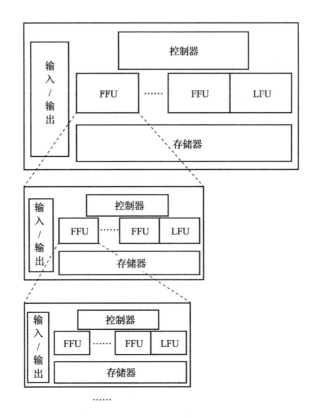

图 1.5　分形冯·诺依曼体系结构

　　以分形的方式刻画了应用负载和硬件结构后，还需要刻画应用负载在硬件结构上的执行方式，将两者映射起来，包括分形可重配指令集结构和分形计算模型。分形可重配指令集结构允许程序员通过编写 K-分解过程来描述新的分形运算，使分形计算机能够广泛地、高效地支持各种分形运算；

分形计算模型提供了一种通用的并行计算模型，使广泛的现有计算机体系结构可以通过模拟执行分形计算模型，按照分形的方式进行编程。

1.3.3　本书的主要贡献点

本书的主要贡献点包括：

1）提出分形计算模型（FPM）——一种串行编程、并行执行且具有编程-规模无关性的批处理式并行计算模型。本书证明了分形计算模型具有通用性和最优性，能够以最少的开销运行广泛的并行计算算法，并且能够在广泛的硬件基础上运行。

2）提出分形冯·诺依曼体系结构（FvNA）——一种采用层次同性原理的专用并行体系结构。相同任务负载在不同规模的分形冯·诺依曼体系结构计算机上可以分别自动展开、执行，因此对一系列不同规模的计算机仅需进行一次编程。以机器学习领域为例，本书对分形冯·诺依曼体系结构计算机 Cambricon-F 进行了技术验证，实验结果表明 Cambricon-F 在提升编程生产率的同时还能够获得与 GPU 系统相当的性能和能效。

3）提出分形可重配指令集结构（FRISA）——一种按照分形计算模型设计的分形计算机指令集结构。分形可重配指令集结构能够在分形冯·诺依曼体系结构计算机上定义任意的分形运算，因此可以支持实现分形计算模型，形成通用分形冯·诺依曼体系结构计算机。以机器学习领域专用体系结构为例，本书在 Cambricon-F 的基础上对一系列可重配的分形机器学习计算机 Cambricon-FR 进行了技术验证，实验结果表明 Cambricon-FR 在多项复杂应用负载上显著提高了计算效率，并且能通过定义分形扩展指令缩短描述应用所需的分形指令串的长度。

以上三部分内容互相支撑，共同构成分形计算系统。其中，分形计算模型为分形计算系统的基本理论模型，是本书的核心和基础；由分形计算模型启发，分形冯·诺依曼体系结构提出了一种具体的体系结构设计方法，能够在专用领域形成具有编程–规模无关性的领域专用计算机；分形可重配指令集结构则在前两项工作的基础上提出了一种加强分形计算机通用性的方法，使程序员能够按照分形计算模型的方式对分形计算机进行编程，在针对灵活可变的分形应用负载时保持良好的运行效率。

第 2 章

分形计算模型

分形计算模型具有编程-规模无关性，使用者只需编写串行的程序，该计算模型就可以自动展开至任意规模的系统上并行执行，因此可以解决由编程-规模相关性带来的编程难题。本书通过实例分析，展示了分形计算模型支持许多种类的算法，并证明了在具有现实意义的约束条件下，分形计算模型能够最优地模拟 BSP（Bulk Synchronous Parallel，整体同步并行计算）模型。本书还探讨了如何在现有体系结构上实现分形计算模型。

2.1 相关工作

计算模型提供了一个计算系统的抽象，实现了在模型上的编程和在计算系统上的实际执行之间的分离。因此程序是串行或并行的，与实际在计算系统上的执行是串行或并行之间没有必然联系。仿照 Flynn 分类法[14] 的形式，本书将计算模型分为以下四类，如图 2.1 所示。

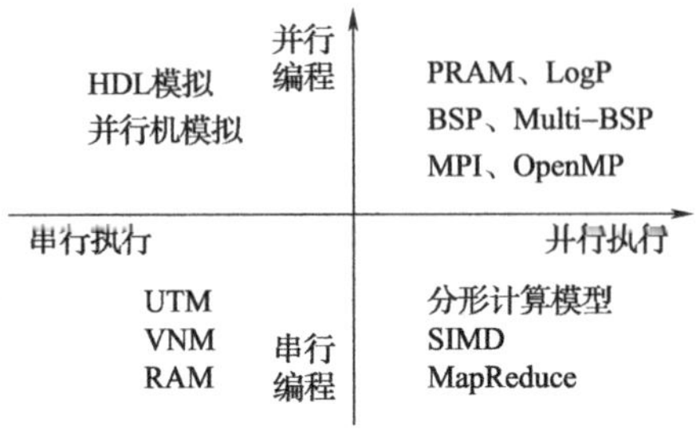

图 2.1 计算模型的四象限

- **串行编程、串行执行（SCSE）**：SCSE 包含了最基本的串行计算模型，例如通用图灵机模型（UTM）、冯·诺依曼模型（VNM）和随机访问模型（RAM）。SCSE 编程简单，但无法利用现代多核、并行计算系统提供的高性能[15]。

- **并行编程、并行执行（PCPE）**：PCPE 包含了最基本的并行计算模型，例如并行随机访问模型（PRAM）、BSP 模型[16]、消息通信接口（MPI）[9]等。PCPE 可以利用硬件的并行执行能力，具有高性能的特征，但同时造成了编程困难。

- **并行编程、串行执行（PCSE）**：PCSE 常见于模拟执行，包括大多数硬件描述语言（HDL）及仿真，例如 Verilog HDL，以及各类并行体系结构的模拟器。采用 PCSE 可以在串行计算系统上虚拟任意规模的并行计算系统，低成本地实现对大规模并行算法、并行计算系统和数字电路的分析与验证。

- **串行编程、并行执行（SCPE）**：SCPE 是现代计算模型的发展趋势，例如在大数据领域得到广泛采用的 MapReduce[17]。SCPE 力图同时具有串行程序的易编程以及并行执行的高性能两项优势。

通常认为并行编程的难度高于串行编程。我们简单地按照程序是否具有多条控制流来决定编程应归类于串行还是并行，因此 SIMD（单指令多数据）程序被归类为串行程序，而大多数 SPMD（单程序多数据）程序被归类为并行程序（例如 MPI）。串行编程可以看作并行编程在并发度为 1 时的特例，而并行编程还需要额外考虑多条控制流之间的同步、通信问题。

我们认为，并行编程复杂性的一个重要来源是并行计算模型具有编程-规模相关性。当计算系统的规模发生变化时，并行编程的并发度也发生变化，导致程序不能执行或需要重新调整才可保持最优执行。编程-规模相关性会导致编程对计算系统的规模（并发度）敏感，在规模越大的并行计算系统上越难编程。然而在现有并行计算模型（包括 PRAM、LogP[18]、BSP、Multi-BSP、SPMD[19]、SIMD 和 MapReduce）中，编程-规模相关性普遍存在。编程-规模相关性在这些模型中具有以下几种不同的表现形式，但其本质是一样的。

- **固定规模的模型**。例如 SIMD 编程需要在某一个具体的 SIMD 指令集上完成，在指令集中每一个向量寄存器的长度通常是固定的。显然，在某一个指令集上编写的程序，是不能在具有不同规模（采用另一个指令集）的处理器上执行的。实践中程序员通常为每一个指令集单独编写一套程序，然后通过条件编译或条件执行来选择适应当前处理器的程序，使编程负担加倍。

● **声明规模的模型**。一些编程模型允许程序员主动声明一个虚拟的模型规模，然后由运行时将程序映射至实际的硬件规模。例如在 CUDA 和 OpenCL 等实用的异构编程接口中，程序员可以指定程序的并发数量；但如果该并发度与实际硬件资源不匹配，程序的效率通常将大打折扣[20]。因此，程序员在编程时仍然需要通盘考量可能的硬件规模。

● **扩展规模的模型**。Multi-BSP 模型是一个典型样例：每当计算系统规模扩展时，模型就对应地产生一个新的层次；新层次的产生不仅引入了一组新模型参数，还引入了一组需要额外编程控制的新执行资源，导致在原模型上编写的程序不再适用于扩展后的模型。

● **规模参数化的模型**。以 BSP 为例，在 BSP 模型中，程序被动地接收系统规模（N）和节点索引（I）作为参数参与运算，以便能够匹配不同规模的 BSP 机。这显然加重了程序员的负担，要使程序能够在不同规模的机器之间高效迁移，程序员必须考虑如何使程序高效地运行在一个规模参数化的 BSP 机上。实践中通常需要采用针对参数 N 和 I 进行分类判断的编程技巧，如果程序仅针对某一规模的 BSP 机编写，则不能保证对其他规模的 BSP 机来说是同样高效的。

因此，解决并行编程难题的关键在于如何设计分形计算模型，使其具有编程-规模无关性。编程与计算系统的规模无关，意味着在规模为 x 的计算系统上编程的难度为 $P(x)=P(1)$，$\forall x>0$。即，无论计算系统的规模如何，其编程都与在规模最小的计算系统上编程同样简单，也就是与串行系统的编程同样简单，形成一种新的 SCPE 计算模型。

2.2 模型

为体现出层次同性的特征，分形计算模型（见图 2.2）仅从单一层次结构进行刻画，而不再刻画整体。Multi-BSP[21] 模型同样具有层次结构，因此分形计算模型在许多方面与 Multi-BSP 模型的层次结构类似：分形计算模型具有多个（k 个）分形子模型，这些分形子模型有可能是分形计算模型，也可能是其他计算模型，例如 VNM，这些分形子模型称为叶子模型；每一个分形子模型均通过数据总线与临时存储器相连，在数据总线上传播单个数据所需的时间开销为 g；临时存储器通过输入/输出从外部存储中访问数据。但分形计算模型与 Multi-BSP 也有许多显著的不同，包括：

- 分形计算模型不考虑本层次以外的参数，对分形子模型的刻画完全由一个执行开销函数 $t(\cdot)$ 来完成，不再关心分形子模型具体是哪一种模型或者具有什么样的参数。

- 分形计算模型中的存储器是临时存储器。在一个分形运算完成后，不再保留临时存储器中的数据，因此每一个分形运算都必须包含装载运算所需全部数据和将运算结果完全写回的步骤。另外，在分形计算模型中，不限制临时存储器的最大容量。

- 在分形计算模型中，分形子模型数量 k 是弹性的，程序可主动指定任意一个不小于 2 的整数作为 k。在其他计算模型中与之对应的参数是处理器数量 p，它取决于模型的固定参数，程序必须被动适应 p 的取值。

- 在分形计算模型中有新的功能部件：归约运算器和控制器。它们都可由一个串行计算模型来刻画：归约运算器与临时存储器构成一个 RAM 模型，并具有每单位时间处理 r 个基本操作的运算速率；控制器与其内部包含的一个临时存储器组成 RAM 模型，用于存放分形指令，并在临时存储器上对指令执行 κ-分解程序，然后将分解后的指令发往分形子模型或归约运算器。由于控制器所需的存储空间（KB 级别）通常远小于数据所需空间，因此我们在模型中忽略了控制器内部的存储空间，仅考虑控制器的执行时间，并假设控制器的运算速率固定为 1。

- 分形计算模型忽略同步开销。分形计算模型在一次分形运算结束前会在各功能部件间进行同步操作。我们认为同步开销在 BSP 和 Multi-BSP 模型中未对性能产生重要影响，也不会对分形计算模型的性能产生重要影响。为使性能分析更简洁，我们在建立分形计算模型时忽略了同步开销。

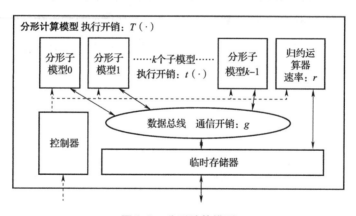

图 2.2　分形计算模型

分形计算模型上的任务负载由分形运算的串行序列组成。一个分形运算的完整描述又包括以下三部分：

1）一个在 RAM 模型上编写的 κ-分解程序。

2）一个在 RAM 模型上编写的归约程序。

3）一个在叶子模型上编写的叶子程序。

这三部分程序分别用于描述控制器、归约运算器和叶子模型的执行行为。

分形计算模型可以衡量程序的执行时间。一个程序的执行时间是程序中包含的各个分形运算的执行时间之和，每一个分形运算的执行时间都可以自底向上推算：首先计算在叶子模型上的执行开销 $t(\cdot)$；然后，每一层分形计算模型的执行开销 $T(\cdot)$ 可以由各项之和来估算，即控制器进行 κ-分解所需的时间、数据总线完成通信所需的时间、分形子·模型执行所需的时间和归约运算器进行归约计算所需的时间之和。从规模最小的层次开始逐层推算，直到推算出该分形运算总的执行时间。

2.3　实例

我们以几种不同的算法为例展示分形计算模型的编程方式。考虑以下四类算法在分形计算模型上的编程和执行：简单并行（embarrassingly parallel）算法、分治算法、动态规划算法、本质串行（inherently serial）算法。其中本质串行算法在各类并行计算系统上都难以高效执行，例如模拟通用图灵机的执行；但前三类算法都可以在分形计算模型上高效执行，我们将分别举例说明。

2.3.1　简单并行算法

简单并行算法是指算法具有天然易并行的特征，可以将计算分解为完全独立的部分，互相没有数据依赖、不需要通信、不需要结果归约或仅需非常简单的归约。蒙特卡洛模拟、图像渲染、向量运算等任务通常使用简单并行算法。我们以朴素矩阵乘法运算为例，朴素矩阵乘法的串行算法通常被描述为三层循环，每一层循环都可以任意分解循环范围，计算结果仅需简单求和归约或不需要归约。该算法很容易被描述为分形运算，描述包括以下三部分程序。

1. κ-分解程序

```
2-分解 MatMul(A[n,l],B[l,m],Y[n,m]){
  如果 n > 1{
    定义 p=n/2
    分解出 MatMul(A[0:p,l],B[l,m],Y[0:n,l])
    分解出 MatMul(A[p:n,l],B[l,m],Y[p:n,l])
    归约操作是空操作
  } 否则 如果 m > 1{
    定义 p=m/2
    分解出 MatMul(A[n,l],B[l,0:p],Y[n,0:p])
    分解出 MatMul(A[n,l],B[l,p:m],Y[n,p:m])
    归约操作是空操作
  } 否则{
    定义 p=l/2
```

```
    定义 T[n,m]
    分解出 MatMul(A[n,0:p],B[0:p,m],Y[n,m])
    分解出 MatMul(A[n,p:l],B[p:l,m],T[n,m])
    归约操作是 Add(Y[n,m],T[n,m],Y[n,m])
    }
}
```

2. 归约程序

```
Add(A[n,m],B[n,m],C[n,m]){
  将 A 和 B 对位相加写入 C,此处略
  }
```

3. 叶子程序

```
MatMul(A[n,k],B[k,m],Y[n,m]){
  对[0:n]中的每一个 x{
    对[0:m]中的每一个 y{
      定义 t=0
      对[0:k]中的每一个 z{
        t=t+A[x,z]* B[z,y]
      }
      Y[x,y]=t
    }
  }
}
```

　　任务负载程序被描述为串行执行的分形运算。以上三部分程序已经将矩阵乘法定义为一种分形运算，因此任务负载程序仅包含一个分形运算：

```
输入：A[64,64],B[64,64]
输出：C[64,64]
MatMul(A[64,64],B[64,64],C[64,64])
```

2.3.2　分治算法

　　分治算法是一类较易并行的算法，通常分治算法的求解过程包括求解数个相同类型的子问题，每一个子问题之间相对独立，不存在数据依赖，但计算结果需要做较复杂的归约。在这些分治算法中我们选择归并排序算法作为示例。归并排序算法首先将数组分段（对应 κ-分解），在每一段上递归地执行归并排序算法（对应分形子-模型），然后将结果归并（对应归约运算）。因此我们可以将归并排序算法描述为分形运算 MergeSort，描述包括以下三部分程序。

1. κ-分解程序

```
2-分解 MergeSort(X[l:r]){
  定义 m=(l+r)/2
  分解出  MergeSort(X[l:m])
  分解出  MergeSort(X[m:r])
  归约操作是  Merge(X,X[l:m],X[m:r])
}
```

2. 归约程序

```
Merge(X,A[n],B[m]){
  定义 C[n+m],i=0,j=0
  循环{
    如果 j==m 或 A[i]< B[j]{
      C[i+j]=A[i]
      i=i+1
    }否则{
      C[i+j]=B[j]
      j=j+1
    }
  }直到 i==n 且 j==m
  将结果从 C[0:n+m]复制到 X[0:n+m]
}
```

3. 叶子程序

```
MergeSort(X[l:r]){
  在叶子模型(假设为 VNM)上执行任意一种排序程序,此处略
}
```

此处归并排序算法本身已经是一种分形运算，因此任务负载程序仅包含一个分形运算：

```
输入: X[1000]
输出: X[1000]
MergeSort(X[0:1000])
```

2.3.3　动态规划算法

　　动态规划算法的并行实现通常不及前两类算法简单，因为动态规划算法的每一轮迭代之间具有数据依赖，需要保持一定的顺序执行。但动态规划算法中数据依赖通常呈偏序关系，如果仔细处理数据依赖的顺序，仍然可以在某些迭代之间实现并行化。我们以字符串编辑距离算法为例，这是一种经典的动态规划算法，贝尔曼方程为

$$U(i,j)=\begin{cases}\min\{U(i-1,j)+1,U(i,j-1)+1,U(i-1,j-1)+1\} & 若\ a_i \neq b_j \\ U(i-1,j-1) & 若\ a_i = b_j\end{cases}$$

$$(2.1)$$

　　字符串编辑距离算法的数据依赖顺序如图 2.3 所示。我们发现，动态规划矩阵上每一条对角线上的数据之间不存在数据依赖关系，是可以并行执行的。我们将每一条对角线上的规划描述为一个分形运算 DP-Step。描述包括以下三部分程序。

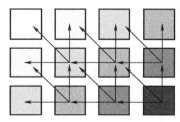

图 2.3　字符串编辑距离算法的数据依赖顺序

```
2-分解 DP-Step(A[a],B[b],U[n],V[m],W[m]){
  定义 p=m/2
  分解出 DP-Step(A[p:a],B[0:p],U[0:p+1],V[0:p],
  W[0:p])
  分解出 DP-Step(A[0:p],B[p:b],U[p-1:n],V[p:m],
  W[p:m])
  归约操作是空操作
}
```

每一个 **DP-Step** 负责从动态规划矩阵的上两条对角线 U、V 推导下一条对角线 W。因为对角线上每一个元素均是完美并行的，所以可以按照范围进行分解。我们选择最简单的 2-分解来实现。

2. 归约程序

因为 **DP-Step** 是完美并行的，所以不需要归约，归约程序为空。

3. 叶子程序

```
DP-Step(A[a],B[b],U[n],V[m],W[m]){
  对[0:m]中的每一个 i{
    如果 A[a-i]等于 B[i]{
      W[i]=V[i]
```

```
   }否则{
     W[i]=min(U[i]+1,U[i+1]+1,V[i]+1)
   }
 }
}
```

叶子程序即对 W 中的每一项分别计算贝尔曼方程，与串行算法的程序相似。

任务负载程序需要控制规划算法的迭代过程，因而包含基本的控制流。为了简化示例程序，我们假设输入的两个字符串长度均为 1 000，此时迭代过程分为两个阶段：第一阶段新推导的对角线 W 要在左右两端附加一个常数 1 作为初始条件，因此尺寸比 U 和 V 大；第二阶段不再附加常数 1，因此 W 的尺寸比 U 和 V 小。该任务负载程序可描述为：

```
输入：A[0:1000],B[0:1000]
输出：d
定义 V[1]={1},U[2]={1,1}
对[2:1000]中的每一个 i{
  定义 W[i+1]={1,…,1}
  DP-Step(A[0:i],B[0:i],U,V,W[1:i-1])
  V=U,U=W
}
对[1:1000]中的每一个 i{
  定义 W[1000-i]
  DP-Step(A[i:1000],B[i:1000],U,V,W)
  V=U,U=W
}
d=U[0]
```

2.3.4　示例程序的执行

从以上示例中不难总结出，分形计算模型具有编程-规模无关性，系统规模扩展时不需要对程序进行任何修改。虽然分形计算模型需要编写大部分程序来完整地描述应用及涉及的分形运算，但是其中每一个程序都是串行的，互相不需要在执行过程中同步和交互，而且与系统规模无关。这样的程序能够在各种规模的计算系统上自动展开为并行执行的程序，主要是因为分形计算模型具有类似几何分形体的特征，可以通过分形执行对尺度进行无限缩放。因此，计算系统在实际执行时可以根据系统规模、硬件资源限制等条件，自由选择分形执行至哪一尺度。具体到示例程序中（以归并排序算法为例），起始的尺度为 1 000，计算系统可以自由选定 1~1 000 的尺度 Z，在分形执行后可以保证叶子模型上执行的任务尺度不超过 Z。例如当 Z 为 500 时，执行过程为：

时刻 1,控制器:MergeSort(X[0:1000])2-分解为 MergeSort (X[0:500])和 MergeSort(X[500:1 000])

时刻 2,临时存储器:将 X[0:500]复制到叶子模型 1,将 X[500: 1000]复制到叶子模型 2

时刻 3,叶子模型 1:执行 MergeSort(X[0:500])

时刻 3,叶子模型 2:执行 MergeSort(X[500:1000])

时刻 4,临时存储器:从叶子模型 1 复制回 X[0:500],从叶子模型 2 复制回 X[500:1000]

时刻 5,归约运算器:执行 Merge(X[0:1000],X[0:500], X[500:1000])

　　这个执行过程可以在具有两个处理器的小规模计算系统上并行展开，我们定义分形计算模型在此时的系统规模为 $p=2$。如果进一步缩小 Z，那么分形执行过程会自然加深，执行中会添加更深层次的细节，形成"缩放"效果。例如当 Z 为 250 时，执行过程为：

时刻 1,控制器:MergeSort(X[0:1000])分解为 MergeSort
(X[0:500])和 MergeSort(X[500:1000])

时刻 2,临时存储器:将 X[0:500]复制到分形子模型 1,将 X
[500:1000]复制到分形子模型 2

时刻 3,分形子模型 1:执行 MergeSort(X[0:500])

时刻 3,控制器 1:MergeSort(X[0:500])分解为 MergeSort
(X[0:250])和 MergeSort(X[250:500])

时刻 4,临时存储器 1:将 X[0:250]复制到叶子模型 1-1,将 X
[250:500]复制到叶子模型 1-2

时刻 5,叶子模型 1-1:执行 MergeSort(X[0:250])

时刻 5,叶子模型 1-2:执行 MergeSort(X[250:500])

时刻 6,临时存储器 1:从叶子模型 1-1 复制回 X[0:250],从叶
子模型 1-2 复制回 X[250:500]

时刻 7,归约运算器 1:执行 Merge(X[0:500],X[0:250],X
[250:500])

时刻 3,分形子模型 2:执行 MergeSort(X[500:1000])

时刻 3,控制器 2:MergeSort(X[500:1000])分解为 Merge-
Sort(X[500:750])和 MergeSort(X[750:1000])

时刻 4,临时存储器 2:将 X[500:750]复制到叶子模型 2-1,将 X
[750:1000]复制到叶子模型 2-2

时刻 5,叶子模型 2-1:执行 MergeSort(X[500:750])

时刻 5,叶子模型 2-2:执行 MergeSort(X[750:1000])

时刻 6,临时存储器 2:从叶子模型 2-1 复制回 X[500:750],从叶子模型 2-2 复制回 X[750:1000]

时刻 7,归约运算器 2:执行 Merge(X[500:1000],X[500:750],X[750:1000])

时刻 8,临时存储器:从分形子模型 1 复制回 X[0:500],从分形子模型 2 复制回 X[500:1000]

时刻 9,归约运算器:执行 Merge(X[0:1000],X[0:500],X[500:1000])

　　这样的执行过程可以展开到规模更大（具有 4 个处理器）的计算系统上，我们定义分形计算模型在此时的系统规模为 $p=4$。类比几何学中的分形图形可以无限缩放，并在缩放过程中逐渐展示出更多的细节图案，我们将分形计算模型这种无须修改程序即可随意缩放执行过程、添加或隐藏执行细节、改变并行度和粒度的效应也称为"无限缩放"。

　　分形计算模型不会因为计算系统规模扩展、分形执行深度增加而使执行的并行效率降低。一种常见的疑问是，分形执行中数据在临时存储器之间的搬运、归约运算等过程都是逐层进行的，当执行深度增加时会不会增加串行执行的部分，从而影响并行效率呢？我们认为这种现象在一些极端差的情况下的确会出现，但并不必然。当应用程序由充分多的分形运算串行组成时，执行过程可以形成流水线：如果不违反数据依赖，第 2 个分形运算可以在时刻 2 开始执行，无须等待至时刻 6（$Z=500$）或时刻 10（$Z=250$）。此时，各个层次之间的数据搬运、归约运算等都是同时进行的，对总体执行时间的影响仅取决于较慢的部分（而非各部分之和），因此执行深度增加时不会显著影响计算吞吐率。可以认为一个具有线性可扩展性的应用在分形计算模型上执行的并行效率可以达到最优，并且与系统规模在渐进意义上无关。我们会在下一节详细论证分形计算模型的性质。

2.4　性质

分形计算模型是一种通用并行计算模型，能够最优地运行广泛的并行计算算法。BSP 模型是一种经典的通用并行计算模型，分形计算模型可以在施加一定的约束条件后最优地模拟执行 BSP 模型，从而获得最优执行任意 BSP 程序的能力。BSP 模型中的基本执行单位是超步（superstep），而超步符合分形运算的定义。我们可以通过图 2.4 所示的方式将超步定义为一种分形运算，过程包括：

1）将 v 个 BSP 处理器分为 k 组，κ-分解为子超步运算，每一个子超步运算包含一组（v/k 个）BSP 处理器。

2）将所需的计算状态从临时存储器复制至分形子模型。

3）在分形子模型上并行执行 k 个子超步运算。

4）将计算后的计算状态和跨组间通信请求从分形子模型复制回临时存储器。

5）归约运算器将跨组间通信请求写入目标地址。

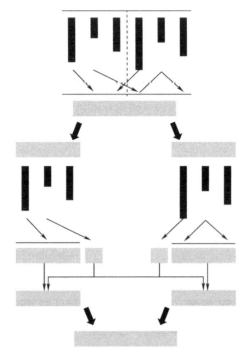

图 2.4 使用分形运算模拟执行 BSP 超步

最优模拟的含义是：当模型的规模充分大时，模拟执行时间与理想模拟执行时间的差距总能约束在常数乘数倍以内，并且该常数乘数通常很小。要达到最优，需要额外引入的一组约束条件可以是约束条件 2.1（包含两个条件）：

约束条件 2.1

1）（松弛条件）待模拟 BSP 模型具有至少 $v = p\log^{1+\varepsilon} p$ 个处理器，其中 p 指分形计算模型所具有的处理器，ε 为任意正实数。

2）（有限存储条件）待模拟 BSP 模型中使用到的存储总量 m 与处理器数量 v 无关。

引入约束条件 2.1 后，我们能够证明分形计算模型可以最优地模拟 BSP 模型。

引理 2.1（有限分形计算模型的最优性质）　任意有限层分形计算模型能够最优地模拟执行 BSP 模型。

证明　每一层分形计算模型的执行时间由 K-分解、数据复制、分形子模型执行和归约运算四部分的时间构成，即

$$t_i = t_{K\text{-分解}} + t_{数据复制} + t_{i-1} + t_{归约运算} \tag{2.2}$$

式中，i 是层次级别；除子模型运算时间 t_{i-1} 外，各项均为 $O(1)$。逐项讨论如下：

- K-分解：对 BSP 超步进行 K-分解需要的时间仅与 k 有关，与 v、p 均无关，可以视为 $O(1)$。

- 数据复制：类比 BSP[16] 在证明过程中对存储的散列处理，分形计算模型也将被模拟的 BSP 模型的存储空间进行散列，因此所需的计算状态、跨组通信请求都将使用散列表作为数据结构。两张散列表中一张表示本节点内包含的存储部分（计算状态），另一张表示本节点内不包含的存储部分（跨组通信），因而两张散列表尺寸之和不会超过完整的存储空间大小 m。数据复制量的上界不超过将全部所用内存 m 复制至本地存储再复制回外部，而我们已经约束了 m 与 v 无关，

因此数据复制的时间也视为 $O(1)$。

- 归约运算：归约运算器执行的归约运算是将跨组通信写入目标地址，即需要将多张散列表合并起来，该运算的计算复杂度是线性的。然而，由于散列表的尺寸以 m 为上界，因此归约运算所需的时间也可以约束在常数时间以内，视为 $O(1)$。

因此式 (2.2) 可以简写为

$$t_i = t_{i-1} + O(1) \qquad (2.3)$$

对于一个任意层分形计算模型，层数为 N，则可以将式 (2.3) 递归代入自身 N 次，得到总执行时间的表达式

$$t_N = t_0 + O(N) \qquad (2.4)$$

式中，t_0 是叶子模型执行所需的时间。叶子模型可以是任意计算模型，因此也可以是 BSP 模型。BSP 模型能够以理想时间模拟自身，由于我们已经约束了松弛条件，待模拟 BSP 模型的规模总是大于分形计算模型的规模，因此 t_0 是一个超过 $O(\log p)$ 量级的无穷大量。当层数 N 是一个有限的常数时，t_N 与理想时间之间的比值收敛于 1，能够满足最优模拟的要求。 □

证明引理 2.1 后，我们又可以证明定理 2.1。该定理要说明的是，通过引入流水执行，分形计算模型不会因层数扩展而导致执行效率渐进下降。

定理 2.1（分形计算模型的最优性质） 分形计算模型能够最优地模拟执行 BSP 模型。

证明 按照 2.3.4 节的思路，我们加入流水线机制。当下一个分形运算与正在执行的分形运算不构成数据依赖时，每一层引入的额外开销可以互相隐藏，因此即使无限地增加分形计算模型的层数也不会使额外开销累积至无穷大，仍然保持（式（2.3）中的）$O(1)$ 量级。阻碍采用流水线方式隐藏开销的问题是数据依赖，因为按照引理 2.1 的证明过程，将每一个 BSP 超步作为一个分形运算来模拟执行，每一个分形运算之间都将具有严格串行的数据依赖关系，是不能以流水线方式执行的。要证明定理 2.1，即要证明存在一种流水执行的方式，使因数据依赖打断流水线而产生的开销对总体执行时间的影响在常数乘数倍以下，并且该常数乘数很小。

为了解开分形运算之间的数据依赖以满足流水线，我们将待模拟的 BSP 模型松弛，约束条件 2.1 假设待模拟 BSP 模型具有 $v = p\log^{1+\varepsilon} p$ 个处理器，这里 p 表示分形计算模型内包含的叶子模型总数量，ε 是一个任意正实数。待模拟 BSP 模型中的每一个超步原本包含 $p\log^{1+\varepsilon} p$ 个处理器，我们将它分解成串行执行的 $\log^{1+\varepsilon} p$ 个子超步，每一个子超步内包含 p 个处理器，这些子超步之间不会存在任何数据依赖。

经过松弛后，分形计算模型的流水线至少可以保持每执行 $\log^{1+\varepsilon} p$ 个分形运算后才被打断一次，我们取最差情况将它视为一个周期。分形执行的流水线深度等同于分形计算模型的层数，为 $\log p$，因此在一个周期内因流水线启动与排空暴露出的额外开销总共有 $O(\log p)$（即流水线启动和排空阶段没有与叶子模型运算时间重叠起来的额外开销）。将该额外开销均摊至周期内的 $\log^{1+\varepsilon} p$ 个分形运算中，则每一个分形运算均摊的由流水线打断引入的额外开销是一个无穷小量，意味着这些开销对总体执行时间造成影响的常数乘数将收敛于 1。

由式（2.3）可知每一个分形运算在每一层分形计算模型上执行时的额外开销都是 $O(1)$；流水线可以将任意多层分形计算模型引入的额外开销重叠起来，因此在无限多层分形计算模型中的额外开销仍然为 $O(1)$；我们又能够找到一种松弛方式，使流水线被打断而引入的额外开销平摊后成为无穷小量，因此即使被模拟 BSP 模型中有严格串行的数据依赖存在，我们仍然可以通过流水线的方式隐藏额外开销。即定理 2.1 是成立的。

以上分析说明，分形计算模型的表达能力不弱于 BSP 模型。任何能够在 BSP 模型上实现的算法，在分形计算模型上都至少存在这样一种实现方式：首先在分形计算模型上模拟一台 BSP 机，然后在被模拟的 BSP 机上执行该算法的 BSP 程序。但需要指出的是，由于这种实现方式通过模拟脱离了分形计算模型的范畴，分形计算模型带来的编程特性不适用于被模拟的 BSP 机上的编程。因此，我们说分形计算模型是通用的，但它的编程-规模无关性和 SCPE 特性仍然需要结合本身具有分形特性才能适用。

我们已经通过实例知道分形计算模型具有**编程-规模无关性**以及**串行编程、并行执行**两项特殊性质。定理 2.1 说明分形计算模型还具有以下性质：

- **通用性**：任何能够在 BSP 模型上编程实现的并行算法
  均可以在分形计算模型上实现。
- **最优性**：并行算法在分形计算模型上的执行时间与理
  想执行时间之间仅具有常数倍差距。

2.5 实例的执行开销

本节我们展示 2.3.2 节的一个实例（归并排序）在分形
计算模型上执行时的开销，以便验证引理 2.1 和定理 2.1 在
现实意义上是合理的。在这个例子中，我们做出以下假设以
便快速而准确地计算出开销：

- 分形计算模型具有 20 层，$k = 2$，因此总体包含 $p = $
  1 048 576 个叶子模型（以及 1 048 575 个归约运算
  器）。这是一个规模充分大的模型，超过了绝大多数
  现实计算机所具有的规模（截至 2019 年 11 月，仅有
  三台计算机达到了该规模：神威·太湖之光、天河 2
  号 A 型和 IBM Summit[22]）。
- 归并排序执行在 1 太个数上（2^{40} 个，约 1.1 万亿
  个）。这个规模不超过现实中所采用的基准测试数据
  的规模[23]，并非随意设置的巨大规模。
- 叶子模型执行 n 个数的排序需要的时间为 $n\log_2 n$。
- 将 n 个数传送到另一个节点需要的时间为 $n/2$。

- 归约运算器将 m 路有序的数列（总长度为 n）归并为一列需要的时间为 $n\log_2 m$。

- 忽略 κ-分解需要的时间。实现时 κ-分解在每个层次大约需要引入几十到几百个时钟周期的开销，相比其他项至少低 3 个数量级，因而忽略。

该任务的计算访存比低，归约运算重，是一个普遍认为难以取得良好并行加速比的任务[24]。在具有这种特性的任务上，分形计算模型逐层搬运数据、逐层进行归约运算的执行方式是否会带来巨大的归约和通信开销呢？我们将分形计算模型与一个同等规模（$p = 1\,048\,576$）、理想化的 BSP 模型（理想化是指不计同步和通信开销）在该任务上的总开销进行对比。在理想化 BSP 模型上执行该任务，需要首先将任务分解为 p 路并行的排序任务（开销为 $np^{-1}\log_2 np^{-1}$），然后将排序结果并行归并（开销约为 $2n$），总开销约 2.2×10^{12}。

如果将整个归并排序写作一个分形运算来执行（类似于在引理 2.1 证明过程中采用的思路），那么我们很容易求得分形计算模型在每一个层次上花费的时间，如表 2.1 所示。表 2.1 是首先自顶向下逐层确定 κ-分解后子问题的规模，然后自底向上逐层推算开销得来的，与 2.2 节描述的衡量程序执行时间的方法一致。分形计算模型的总开销为 4.4×10^{12}。可以看出，由于该任务的计算访存比低，归约运算重，模型在高层逐渐失去了扩展性，这是符合预期的现象。在这个例子上，两个模型开销之比约为 2∶1，分形计算模型的执行效率处于劣势。

表 2.1　一个具有 20 层的分形计算模型计算 MergeSort
时的开销（未采用流水执行）

层次	该层次节点数量	子问题规模	计算开销	通信开销	归约开销	总开销
20	1	1.1×10^{12}	2.2×10^{12}	1.1×10^{12}	1.1×10^{12}	4.4×10^{12}
19	2	5.5×10^{11}	1.1×10^{12}	5.5×10^{11}	5.5×10^{11}	2.2×10^{12}
18	4	2.7×10^{11}	5.5×10^{11}	2.7×10^{11}	2.7×10^{11}	1.1×10^{12}
17	8	1.4×10^{11}	2.7×10^{11}	1.4×10^{11}	1.4×10^{11}	5.5×10^{11}
16	16	6.9×10^{10}	1.4×10^{11}	6.9×10^{10}	6.9×10^{10}	2.7×10^{11}
15	32	3.4×10^{10}	6.9×10^{10}	3.4×10^{10}	3.4×10^{10}	1.4×10^{11}
14	64	1.7×10^{10}	3.4×10^{10}	1.7×10^{10}	1.7×10^{10}	6.9×10^{10}
13	128	8.6×10^{9}	1.7×10^{10}	8.6×10^{9}	8.6×10^{9}	3.4×10^{10}
12	256	4.3×10^{9}	8.6×10^{9}	4.3×10^{9}	4.3×10^{9}	1.7×10^{10}
11	512	2.1×10^{9}	4.3×10^{9}	2.1×10^{9}	2.1×10^{9}	8.6×10^{9}
10	1 024	1.1×10^{9}	2.2×10^{9}	1.1×10^{9}	1.1×10^{9}	4.3×10^{9}
9	2 048	5.4×10^{8}	1.1×10^{9}	5.4×10^{8}	5.4×10^{8}	2.2×10^{9}
8	4 096	2.7×10^{8}	5.5×10^{8}	2.7×10^{8}	2.7×10^{8}	1.1×10^{9}
7	8 192	1.3×10^{8}	2.9×10^{8}	1.3×10^{8}	1.3×10^{8}	5.5×10^{8}
6	16 384	6.7×10^{7}	1.5×10^{8}	6.7×10^{7}	6.7×10^{7}	2.9×10^{8}
5	32 768	3.4×10^{7}	8.5×10^{7}	3.4×10^{7}	3.4×10^{7}	1.5×10^{8}
4	65 536	1.7×10^{7}	5.1×10^{7}	1.7×10^{7}	1.7×10^{7}	8.5×10^{7}
3	131 072	8.4×10^{6}	3.5×10^{7}	8.4×10^{6}	8.4×10^{6}	5.1×10^{7}
2	262 144	4.2×10^{6}	2.6×10^{7}	4.2×10^{6}	4.2×10^{6}	3.5×10^{7}
1	524 288	2.1×10^{6}	2.2×10^{7}	2.1×10^{6}	2.1×10^{6}	2.6×10^{7}
叶子	1 048 576	1.0×10^{6}	2.1×10^{7}	1.0×10^{6}		2.2×10^{7}

如果采用定理 2.1 证明过程中的思路来执行，先将任务松弛为多个可以流水执行的子任务，情况会如何呢？松弛为 s 个子任务后，每 s 个松弛子运算后会引入一个松弛归约运算。该松弛归约运算是一个 s 路归并运算，假设仅由最顶层节点的归约运算器执行，开销为 $n\log_2 s$。不断增加松弛量 s 可以不断降低均摊流水线启动/排空开销（可将均摊流水线启动/排空开销降低至任意小，与我们在定理 2.1 证明中所阐述的现象一致）；但在均摊流水线启动/排空开销降低的同时，松弛归约运算的开销占比增加，因而总开销不会显著降低。我们在证明定理 2.1 时采用这种松弛方法，是因为 BSP 超步分形运算在进行松弛归约（实际上是一个多路散列表合并运算）时的开销不会因松弛量 s 增加而增加。在归并排序这一例子上，由于松弛归约运算的开销与松弛量 s 相关，松弛不能显著降低总开销。

但采用松弛的初衷是解开模拟 BSP 模型时各超步之间严格的数据依赖关系，松弛是唯一能在模拟 BSP 模型时获取流水执行机会的方法。如果任务不是模拟 BSP 模型而是归并排序，我们还可以考虑另一种更朴素的流水执行情况：该模型连续不断地在不同的数据上进行归并排序，每一个排序任务都具有 $n=2^{40}$ 的规模。因为各个排序任务之间本就不存在数据依赖，此时不需要进行松弛也可以获得流水执行的效果，可以避免在上一个例子中引入制约了松弛效果的松弛归约运算（多路归并）。在这种情况下，求得分形计算模型每一层上的开销如表 2.2 所示，总开销下降至 1.1×10^{12}，两个模型开销之比约为 $1:2$。分形计算模型在这种情况下执行效率超过了理想情况下的 BSP 模型，是因为分形计算模型在每一个层次上都有归约运算器（共计 $p-1$ 个，约等于叶子模型的数量，即大致具有 BSP 模型两倍的运算部件），并且通过流水执行将成为运算瓶颈的并行归并运算约一半的开销隐藏在流水线里。

表2.2　一个具有 20 层的分形计算模型计算 MergeSort 时的开销（采用连续多任务流水执行）

层次	该层次节点数量	子问题规模	计算开销	通信开销	归约开销	总开销
20	1	1.1×10^{12}	5.5×10^{11}	1.1×10^{12}	1.1×10^{12}	1.1×10^{12}
19	2	5.5×10^{11}	2.7×10^{11}	5.5×10^{11}	5.5×10^{11}	5.5×10^{11}
18	4	2.7×10^{11}	1.4×10^{11}	2.7×10^{11}	2.7×10^{11}	2.7×10^{11}
17	8	1.4×10^{11}	6.9×10^{10}	1.4×10^{11}	1.4×10^{11}	1.4×10^{11}
16	16	6.9×10^{10}	3.4×10^{10}	6.9×10^{10}	6.9×10^{10}	6.9×10^{10}
15	32	3.4×10^{10}	1.7×10^{10}	3.4×10^{10}	3.4×10^{10}	3.4×10^{10}
14	64	1.7×10^{10}	8.6×10^{9}	1.7×10^{10}	1.7×10^{10}	1.7×10^{10}
13	128	8.6×10^{9}	4.3×10^{9}	8.6×10^{9}	8.6×10^{9}	8.6×10^{9}
12	256	4.3×10^{9}	2.1×10^{9}	4.3×10^{9}	4.3×10^{9}	4.3×10^{9}
11	512	2.1×10^{9}	1.1×10^{9}	2.1×10^{9}	2.1×10^{9}	2.1×10^{9}
10	1 024	1.1×10^{9}	5.4×10^{8}	1.1×10^{9}	1.1×10^{9}	1.1×10^{9}
9	2 048	5.4×10^{8}	2.7×10^{8}	5.4×10^{8}	5.4×10^{8}	5.4×10^{8}
8	4 096	2.7×10^{8}	1.3×10^{8}	2.7×10^{8}	2.7×10^{8}	2.7×10^{8}
7	8 192	1.3×10^{8}	6.7×10^{7}	1.3×10^{8}	1.3×10^{8}	1.3×10^{8}

（续）

层次	该层次 节点数量	子问题规模	计算开销	通信开销	归约开销	总开销
6	16 384	6.7×10^7	3.4×10^7	6.7×10^7	6.7×10^7	6.7×10^7
5	32 768	3.4×10^7	2.1×10^7	3.4×10^7	3.4×10^7	3.4×10^7
4	65 536	1.7×10^7	2.1×10^7	1.7×10^7	1.7×10^7	2.1×10^7
3	131 072	8.4×10^6	2.1×10^7	8.4×10^6	8.4×10^6	2.1×10^7
2	262 144	4.2×10^6	2.1×10^7	4.2×10^6	4.2×10^6	2.1×10^7
1	524 288	2.1×10^6	2.1×10^7	2.1×10^6	2.1×10^6	2.1×10^7
叶子	1 048 576	1.0×10^6	2.1×10^7	1.0×10^6		2.1×10^7

这个例子展示了分形计算模型在归约运算较重的任务上依然适用，不会累积过多的归约开销。

2.6 在分形计算机上模拟执行

如同传统的并行计算模型通常由某一个具体的计算机体系结构抽象形成，分形计算模型也是由分形冯·诺依曼体系结构抽象形成的，因此该模型在分形冯·诺依曼体系结构上的执行是最为直观的。在具有分形冯·诺依曼体系结构的计算机上执行分形计算模型时，计算机的每一个层次都可以通过无限缩放来寻找最适合本层次硬件资源约束的并发度和粒度。不难发现，分形冯·诺依曼体系结构的一个层次结构可能对应分形计算模型中的多个层次，并且不一定是逐层一一对应的。

分形计算模型并非硬件抽象模型，它与具有分形冯·诺依曼体系结构的计算机之间还存在一些矛盾。主要包括两点：

1）分形计算模型中的子·模型数量由程序决定，分形冯·诺依曼体系结构中分形执行单元的数量是一个硬件参数。

2）分形计算模型中不限制临时存储器的容量，分形冯·诺依曼体系结构中本地存储器的容量必然受硬件资源的约束。

解决第一项矛盾需要引入并行分解，解决第二项矛盾需要引入串行分解，两种分解技巧都是为了在单层分形冯·诺依曼体系结构上多次模拟分形执行，直至将分形计算模型缩放至合适的尺度。一个合适的缩放尺度既可以为分形执行单元提供充分的并发度，又可以将存储空间占用率降低至一个能够满足硬件资源约束的程度[25]。

另外，分形计算模型也可以在具有其他体系结构的并行计算机上执行。我们提供一个使用 BSP 模型模拟执行分形计算模型的例子。在该方式下，可以令 BSP 模型中的一个处理器接收任务，模拟分形计算模型中的控制器功能，将任务进行 κ-分解后分发至其他 k 个处理器；如果模型中仍有空闲处理器，这些收到任务的处理器可以模拟下一层次的控制器，再对任务执行 κ-分解后分发至其他空闲的处理器；其余处理

器则模拟叶子模型。在一轮叶子模型计算完成后，计算结果
将汇总于分发任务的处理器上，此时该处理器从模拟控制器
的功能切换到模拟归约运算器的功能，对结果进行归约处
理。要想高效执行，分发任务时应该做到仅发送数据的引用
地址，而非完整的操作数。在任务最终到达模拟叶子模型的
处理器上时，由模拟叶子模型的处理器从引用位置读取数
据。数据可以由散列均匀分布在每一个处理器上，这样读取
数据时不会产生单一处理器成为瓶颈的情况，可以满足 BSP
机对通信的 h-关系约束。在分发任务、归约结果的过程中，
一个处理器最多与另外 $k+1$ 个处理器产生通信，因此也可以
满足 BSP 机对通信的 h-关系约束。κ-分解、叶子模型执行和
归约可以通过流水方式执行，进一步提高了 BSP 机模拟执行
分形计算模型的效率。

2.7 与其他并行计算模型的比较

相比于任意 PCPE 模型，分形计算模型可以显著提高
编程效率，因此本节仅讨论与其他 SCPE 模型的对比：已
有一些模型实现了 SCPE，但它们都不具有编程-规模无
关性。

SIMD 是一种 SCPE 实现方式，因为多数据流仅使用单一
的控制流来控制。但 SIMD 显然不具有编程-规模无关性，原
因之一是 SIMD 的单一控制流需要关注所有数据流之间的关

系，当数据流增加或减少时，控制流也必须随之调整；原因之二是 SIMD 指令的多数据流由固定的寄存器字长体现，当系统规模扩展时寄存器字长发生变化，导致 ISA 发生变化，原有程序必然需要经过修改才可执行。

MapReduce[17] 是大数据领域目前应用最广泛的批处理式编程模型，可以将其扩展为计算模型[26]。MapReduce 的编程方式是串行的，但 MapReduce 不具有编程-规模无关性：在开始执行 Map 过程前，必须预先将数据划分为键值对，而在 MapReduce 计算系统中进行数据划分，必然与系统的规模有关才可达到最优执行。分形计算系统通过 κ-分解（而非根据系统规模 p-分解）和无限缩放解决了这一问题，实现了编程-规模无关性。因此 MapReduce 是分形计算模型的一种极端特例：分形计算模型在仅具有一层时，一定有 $k=p$ 成立，此时模型退化为 MapReduce。

另外，实践中常用的实现编程-规模无关性的方式是构建编程框架，如 Spark[27] 和 TensorFlow[5] 等。这些现有的编程框架工作与本书中的工作构成互补关系，原因是编程框架本身需要运行在多种计算系统上，在开发过程中也需要使用某种计算模型——例如 Spark 使用 MapReduce 作为计算模型——分形计算模型为高效地在新系统上构建编程框架提供了新方法。

2.8 小结

本章节提出了分形计算模型——一种采用层次同性原理的通用并行计算模型。分形计算模型实现了串行编程、并行执行，并具有编程-规模无关性，因此可以在通用领域解决编程-规模相关性的编程难题。

第3章

分形冯·诺依曼体系结构

分形计算系统可以由分形计算模型构建在通用体系上的结构组成，也可以启发全新的专用体系结构。本章将以机器学习应用负载为例，探索如何采用分形的方式构建领域特定体系结构解决实际问题。这一类具有分形特性的体系结构统称为**分形冯·诺依曼体系结构**。

3.1 案例背景介绍：机器学习计算机

机器学习算法作为一种新兴工具，在产业界产生了越来越多的应用，包括图像识别[28-30]、语音识别[31-32]、人脸识别[33-34]、视频分析[35-36]、智能推荐[37]、游戏竞技[38-39]等领域。

近年来，针对应用越来越广泛的机器学习负载，产业界出现了许多不同规模的机器学习专用计算机。例如，在移动端，华为Mate10和P20智能手机继承了寒武纪1A机器学习处理器[40]；苹果iPhone X智能手机也集成了用于人脸识别的机器学习处理器[41]。在云服务器端，英伟达推出了 DGX-1 和 DGX-2 机器学习计算机，采用英伟达 GPU 产品进行加速[8,42]；谷歌推出了 TPU-3 服务器，宣称具有高达 100PFlops 峰值的运算能力[43]。在更大规模的超级计算机领域，IBM 推出的 Summit 超算平台采用 9 216 块 POWER9 处理器和 27 648 块专为机器学习设计的英伟达 V100 GPU，成为当前全世界峰值算力最高的超级计算机[44]。

机器学习算法具有广泛的应用场景，但应用受到了编程难题的制约。应用场景的广泛不仅体现在具有多种应用领域，还体现在应用于不同规模的硬件平台上。如果要分别编程每一种硬件上的每一种应用，就会产生由编程-规模相关性带来的编程难题。因此，我们需要寻找一种方式将各种应用和各种硬件桥接起来，如图 3.1 所示。人们发明了编程框架来作为桥接模型，例如 TensorFlow[5]、PyTorch[45]、MXNet[46] 等。

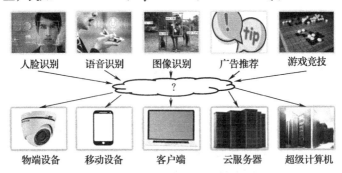

图 3.1　机器学习应用负载需要桥接

但是，编程框架仅仅解决了用户在编程时遇到的编程难题；对于硬件厂商而言，挑战则变得更严峻了。现在，硬件厂商不仅需要为每一个硬件产品提供编程接口，还需要将每一个编程框架移植到每一个硬件产品上，这产生了巨大的软件开发成本。仅仅是 TensorFlow 这一个框架，就具有一千多种算子，而在某一个硬件上为一个算子做优化就需要一名高级软件工程师工作几个月。寒武纪和华为就为此部署了几百名软件工程师，以便将常用编程框架移植到 Mate10 手机上。

因此，现有的机器学习计算机因为异构、并行、层次异性的特性而造成编程困难；我们认为理想的机器学习计算机应该具有同构、串行、层次同性的特征，从而简化编程（包括编写机器学习应用和移植编程框架）。如果所有的机器学习计算机，即使它们具有完全不同的规模，都采用相同的指令集结构，那么就不需要单独为每一种新产品重做移植程序，这将显著解放程序员的生产力。我们认为，引入分形计算系统的思想，构建分形的机器学习计算机，可以解决上述问题。

3.2　分形冯·诺依曼体系结构概况

本节暂时跳出机器学习的背景，从整体介绍分形冯·诺依曼体系结构。

（1）**系统结构**　分形冯·诺依曼体系结构（已在 1.3.2

节简略介绍）是一种可以迭代模块化设计的体系结构，如
图 3.2 所示。类比构建谢尔宾斯基地毯采用的迭代函数系
统[47]，分形冯·诺依曼体系结构也是由复制自身产生的数个
副本组成。一个最小的分形冯·诺依曼体系结构由存储器、
控制器和运算器组成，以及输入/输出模块，即可形成一个
最小规模的计算系统；更大一些的分形冯·诺依曼体系结构
将较小规模的分形冯·诺依曼体系结构作为运算器，由多个
并发的运算器搭配控制器、存储器，以及输入/输入模块构
成；以此类推，分形冯·诺依曼体系结构能够根据迭代模块
化设计的方式构建出任意规模的计算系统。其中，分形冯·
诺依曼体系结构的每一层采用的控制器都具有相同的结构。
因此在设计硬件电路时，分形冯·诺依曼体系结构的迭代模
块化设计可以大幅简化控制逻辑的设计和验证工作。

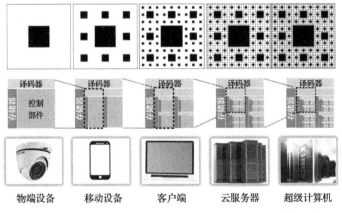

图 3.2　采用分形冯·诺依曼体系结构构建不同规模的系统

（2）**指令集结构**　分形冯·诺依曼体系结构在每一层上采用相同的指令集结构，称为**分形指令集结构**（FISA）。分形指令集结构中包含两种指令：**本地指令和分形指令**。本地指令用来描述归约操作，由控制器发往本地处理单元（LFU），并在分形冯·诺依曼体系结构的本地处理单元上执行；分形指令用来描述分形运算，控制器收到分形指令后对其执行 k-分解，分解出子指令和本地指令，其中子指令仍然具有分形指令的形式，这些子指令将被发往分形处理单元（FFU）执行。因此，对分形冯·诺依曼体系结构进行编程时，程序员仅需要考虑单一、串行的指令集结构。LFU 和 FFU 之间的异构性、多个 FFU 之间的并行性会由控制器解决。因为分形冯·诺依曼体系结构在不同层次上的每一个节点（分形处理单元）均具有相同的指令集结构，因此程序员编程时不需要考虑不同层次的差异，不需要为不同规模的分形冯·诺依曼体系结构计算机编写不同的程序。甚至于，采用同系列分形冯·诺依曼体系结构后，超级计算机可以与智能物端设备执行相同的程序，实现一套代码无须修改，从云到端处处皆可运行的效果。

（3）**存储层次结构**　分形冯·诺依曼体系结构构建了存储层次，并将存储器分为两类进行管理：**外部存储和本地存储**。对程序员而言，只有最外层的外部存储是可见（需要编程管理）的。在分形冯·诺依曼体系结构中，本层次的本地存储将被视为下一层次的外部存储，被所有分形处理单元

（FFU）共享使用。不同于精简指令集计算机（RISC）的设计原则，在分形指令集结构中，程序员所能操作的存储空间全部位于外部存储，由各层控制器控制外部存储与本地存储之间的数据通信；而本层控制器将生成的指令发往下一层次，下一层控制器相当于扮演了程序员的角色。因此控制器也遵循只管理本层的本地存储，而不管理下层内部存储器的原则。通过这种设计，分形冯·诺依曼体系结构中的所有存储都受本层控制器的管理，职责划分明确，也使编程变得简单。

我们给分形计算机、分形指令集结构一个形式化的定义：

定义 3.1（FISA 指令） FISA 指令 I 是一个三元组 $\langle O, P, G \rangle$，其中 O 是一种运算，P 是操作数的有限集合，G 是粒度标识符。

定义 3.2（分形指令） 仅当存在一组粒度标识符 G'_1, $G'_2, \cdots, G'_n$（$G'_i \leqslant G$，$\leqslant$ 是定义在粒度标识符空间上的偏序关系）使 I 的执行行为可以由 $I'_1(G'_1), I'_2(G'_2), \cdots, I'_n(G'_n)$ 与其他 FISA 指令依次执行来模拟时，FISA 指令 $I\langle O, P, G \rangle$ 是分形指令。

定义 3.3（FISA 指令集） 仅当一个指令集中至少包含一条分形指令时，该指令集是 FISA 指令集。

定义 3.4（分形计算机） 仅当存在至少一条分形指令可在计算机 M 上分形执行时，具有 FISA 指令集结构的计算机 M 是分形计算机。

3.3　机器学习应用负载的分形表示

要构造分形计算系统，首先要确认应用负载适合表示为分形形式。本节首先探讨几种典型机器学习应用负载所具有的共性计算原语，我们发现使用一组计算原语（向量内积、向量距离、排序、激活函数、计数等）即可描述这些应用负载；然后我们讨论如何使用分形运算（定义 1.3）来描述这些计算原语。

3.3.1　共性计算原语

机器学习应用负载通常属于计算和存储密集型应用，但在执行控制流、学习方式和训练方法等方面有许多不同。然而，所有机器学习应用负载都在某一粒度上具有高并发度，因此许多异构机器学习计算机设计了专用硬件来利用这一特性实现加速。这些专用硬件的例子包括 GPU[48-50]、FPGA[51-53]，以及 ASIC 芯片[54-58]。我们首先将这些应用负载分解为计算原语，然后讨论如何使用分形的方式来表达计算原语。

我们选择 6 种具有代表性的机器学习应用负载，在经典的数据集上执行，并分解其中每一种计算原语所需的执行时间，如表 3.1 所示。具体地，我们选择以下应用负载：

- **CNN**——鉴于深度学习的流行，我们选择著名的

AlexNet[30] 算法和 ImageNet[59] 数据集作为卷积神经网络（CNN）的代表性应用负载。

- **DNN**——同样出于深度学习技术，我们选择具有 3 层结构的多层感知机（MLP）作为深度神经网络（DNN）的代表性应用。

- **κ-MEANS**——κ-平均算法，一种经典的机器学习聚类算法。

- **κ-NN**——κ-近邻算法，一种经典的机器学习分类算法。

- **SVM**——支持向量机，一种经典的机器学习分类算法。

- **LVQ**——学习向量量化，一种经典的机器学习分类算法。

表 3.1　几种典型机器学习应用负载中各种
共性计算原语的执行时间占比

应用负载	共性计算原语						
	内积 IP	卷积 CONV	池化 POOL	矩乘 MMM	逐元素变换 ELTW	排序 SORT	计数 COUNT
CNN	—	94.7%	0.18%	5.02%	0.12%	—	
DNN	—	—	—	99.9%	0.11%	—	—
κ-MEANS	90.8%	—	0.116%	—	9.08%	0.178%	0.012%
κ-NN	99.6%	—	—	—	—	0.432%	
SVM	99.3%	—	0.190%	—	0.507%	—	
LVQ	39.9%	—	0.254%	—	59.8%	—	

参考相关工作[57,60-62]，我们将机器学习应用负载分解为矩阵运算和向量运算。诸如向量-矩阵乘法或矩阵-向量乘法等运算被归并为矩阵乘法，诸如矩阵-矩阵加法/减法、矩阵-标量乘法、向量逐元素运算等运算被归并为逐元素变换。于是，我们分解得到了 7 种主要的计算原语，包括内积（IP）、卷积（CONV）、池化（POOL）、矩乘（MMM）、逐元素变换（ELTW）、排序（SORT）和计数（COUNT）。为了深度学习应用表达的简易性，我们在矩乘之外还额外增加了专门的卷积、池化运算；内积实际上是向量-向量乘法，也可以用来表示深度神经网络中的全连接层。可以观察到，这 7 种共性计算原语基本表达了机器学习应用负载。

3.3.2 分形运算

我们使用分形运算（定义 1.3）来描述 7 种共性计算原语。如表 3.2 所示，每一种计算原语可能具有多种 κ-分解方式。一些运算在分解后产生部分结果，需要经过归约才能得到最终结果，表 3.2 中列出了所需的归约运算；一些运算分解后得到的分形子运算之间可能存在共享的输入数据，此时需要引入数据冗余，表 3.2 中列出了冗余的部分。不难发现，通过引入归约运算和数据冗余，7 个共性计算原语都能够表示为分形运算。因此要设计新的专用体系结构高效地执行这些分形运算，我们需要解决以下三个关键挑战：

1）**归约运算**。为了高效地处理归约运算，我们需要在体系结构中引入轻量级的本地处理单元（LFU）。在从分形处理单元（FFU）收回部分结果数据后，本地处理单元可以高效地在其上执行归约运算。关于这部分内容将在3.4.1节和3.4.2节详细讨论。

2）**数据冗余**。在分形运算的执行过程中，需要引入数据冗余。为此，分形机器学习计算机中的存储层次结构需要保证数据一致性，并寻找数据复用机会。关于这部分内容将在3.4.4节详细讨论。

3）**数据通信**。分形机器学习计算机的不同节点之间的数据通信可能会产生复杂的物理连线，导致增加面积、延迟和能耗开销。为此，我们发现在分形运算的执行过程中，仅有父子节点之间需要数据通信，因此数据通路设计得以大幅简化；设计者可以通过迭代模块化设计分形机器学习计算机，而所有连线全部被限制在父子之间，因此减少了连线拥塞。关于这部分内容将在3.4.2节和3.4.3节详细讨论。

表3.2　用分形运算描述共性计算原语

计算原语	分解方式	归约运算（$g(\cdot)$）	数据冗余
IP	按向量长度分	加	—
CONV	按特征维度分	加	—
	按批量分	—	权值
	按空间维度分	—	权值，重叠区域
POOL	按特征维度分	—	—
	按空间维度分	—	重叠区域

（续）

计算原语	分解方式	归约运算（$g(\cdot)$）	数据冗余
MMM	左矩阵纵向分解	加	—
	右矩阵纵向分解	—	左矩阵
ELTW	任意	—	—
SORT	任意	归并	—
COUNT	任意	加	—

综上所述，在解决了以上几项问题后，分形机器学习计算机虽然施加了更加严格的体系结构设计约束，却能够在机器学习应用负载中达成与传统体系结构相当的运行效率。

3.4　分形机器学习计算机 Cambricon-F

在机器学习计算机的例子中，采用分形冯·诺依曼体系结构的计算机称为分形机器学习计算机 Cambricon-F。本节介绍 Cambicon-F 的结构。

3.4.1　指令集结构

Cambricon-F 的 FISA 指令集设计采用了比较高的抽象级别，因此能够提高编程生产效率并达成高计算访存比。表 3.3 列举了一些 Cambricon-F 指令，可以看到卷积和排序等高级操作可以直接用一条指令来表示。具有较低计算访存比的低级运算也同样加入了指令集中，因此可以获得更好的编程灵活性。这些低级运算通常会被视为本地指令，并且 Cambricon-F 会倾向于使用 LFU 来执行它们以减少数据搬运。

表 3.3　一些 Cambricon-F 指令

类别	运算	指令名
深度学习	卷积	Cv2D、Cv3D
	池化	Max2D、Min2D、Avg2D
	LRN[30]	Lrn
线性代数	矩阵乘法	MatMul
	点集距离	Mdist1D
排序	归并排序	Sort1D
计数	计数	Count1D
归约	二元逐元素运算	Add1D、Sub1D、Mul1D
	一元逐元素运算	Act1D
	横向归约	HSum1D、HProd1D
	归并	Merge1D

3.4.2　控制结构

Cambricon-F 中的每一个节点都带有相同的控制器，用来管理子节点，使整台机器按照分形的方式运行。从功能的角度划分，控制器分为三个工作阶段：串行分解阶段、降级阶段、并行分解阶段。相应的模块也按照顺序组成流水线，完成从一条指令分发至各个子模块（包括 FFU 和 LFU），再完成计算的过程。图 3.3 展示了 Cambricon-F 控制结构与流水线划分方式。控制器的工作方式是：

1）在串行分解阶段，输入指令首先在指令队列（IQ）暂存，随后被串行分解器（SD）取出。SD 根据硬件容量的限制，将指令分解为一条顺序执行的指令列表，使其中每一条子指令的粒度不会超出硬件资源所能允许的范围。这些新产生的指令称为**串行分解子指令**，并且写入串行分解子指令队列（SQ）中暂存。因为有 IQ 和 SQ 两个先入先出队列作为缓冲，串行分解阶段可以不按照流水线的同步步调执行，而是异步地独自执行，直至 IQ 为空或 SQ 已满。

2）在降级阶段，降级译码器（DD）从 SQ 中取出一条串行分解子指令，并将其"降级"。降级即意味着将该指令从"上一级节点对本节点下达的指令"改写为"本节点对下一级节点下达的指令"，具体操作包括：

- 检查数据依赖是否满足，安排指令何时发射进入流水线，何时插入流水线空泡。
- 为指令当中位于外部存储器的操作数分配本地内存空间，管理内存循环段。
- 生成 DMAC 指令控制 DMA，将数据在指令执行前写入、执行后写出，形成外部数据的本地备份，以便下一级节点访问。
- 将指令操作数替换为本地备份操作数。

3）在并行分解阶段，并行分解器（PD）和归约控制器
（RC）将经过 DD 处理的指令进行 κ-分解，直到产生的指令
满足所有子节点并发工作的并发度要求。PD 写出分形子指
令并送往 FFU 执行，RC 写出本地指令并送往 LFU 执行。在
LFU 性能较弱的节点遇到运算量较大的本地指令时，RC 还
可以决定是否将该本地指令作为一个**委托**交由分形处理单元
代为执行。如这么做，RC 不将该本地指令发往 LFU，而是
发往委托寄存器（CMR）暂存一拍；下一拍时，该指令将被
视为一条分形指令交由 PD 分解，并送 FFU 执行。因为流水
线中 LFU 总是工作在 FFU 之后一拍的，经过 CMR 暂存后，
流水线上的数据依赖关系不会发生改变，仍可以保证执行的
正确性。

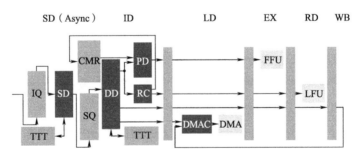

图 3.3　Cambricon-F 控制结构与流水线划分方式

更具体地，串行分解器的一种分解方法如图 3.4 所示。
串行分解器需要记录每一种分形指令可以分解的维度 t_1，
$t_2, \cdots, t_N$，按照它们的优先顺序排列。串行分解器要能够验

证分解后的某一粒度标识符 $\langle t'_1, t'_2, \cdots, t'_N \rangle$ 所需的硬件资源是否超过容量限制。进行串行分解时，首先选择在哪一个维度 t_i 上进行串行分解；如果选择在 t_i 维度上进行串行分解，那么 $t_1, t_2, \cdots, t_{i-1}$ 都被分解为原子粒度（粒度 1），而 t_{i+1}，$t_{i+2}, \cdots, t_N$ 都保持原粒度不变。决定的方式是对每一个 $i = 0$，$1, 2, \cdots, N$，将 $t_1, t_2, \cdots, t_i$ 设为原子粒度，形成新粒度标识符 $\langle 1, 1, \cdots, 1, t_{i+1}, t_{i+2}, \cdots, t_N \rangle$ 并验证是否满足容量限制。如果满足，则决定在 t_i 维度上进行分解；如果不满足，则尝试下一个 i 的取值。在选定了分解维度 t_i 后，该维度分解后的粒度 t'_i 可以依照二分查找法确定，寻找到满足容量限制的最大粒度 t'_i，最终输出的指令具有粒度标识符 $\langle 1, 1, \cdots, 1, t'_i, t_{i+1}, t_{i+2}, \cdots, t_N \rangle$。该串行分解过程需要进行判定的次数最多为 $N + \log M$，M 为硬件最大容量。假设串行分解器每一硬件时钟周期内能够执行一次判定，则在一个具有 4GB 存储的节点上对一个具有 10 种维度的分形指令进行串行分解，最多需要执行 42 个时钟周期，能够在合理时间范围内找到最佳分解方案。找到最佳分解方案后，串行分解器按照粒度循环输出指令模板；通过累加，计算分解出的子指令中各操作数的地址。

并行分解器的实现方式为：对输入指令执行 κ-分解，并将分解得到的指令压回输入栈；不断循环，直到栈内指令数量超过本节点内 FFU 数量为止。

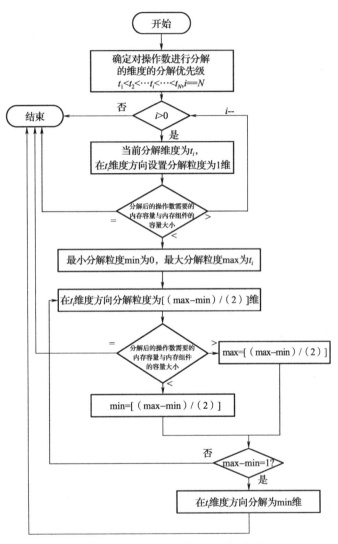

图 3.4　串行分解器的一种分解方法

DMA 模块控制器（DMAC）接受较为高级的指令形式（DMAC 指令），可以按照高级数据结构进行数据搬运（例如 n 维张量）。DMAC 内部通过产生循环将 DMAC 指令翻译为低级的 DMA 控制原语，控制 DMA 的执行。

3.4.3　流水线

Cambricon-F 的执行是分形的。根节点将分形指令译码后发送至 FFU，每一个 FFU 重复同样的执行方式，直到叶节点。叶节点完成实际的运算，将结果送回父节点，每一个节点重复同样的执行方式，直到将最终结果汇总到根节点。在这一过程中，FFU 大部分时间只能等待数据和指令到来，完成运算后又要等待数据返回到根节点。因此，如果不以流水的方式执行，那么 Cambricon-F 不能达到理想的执行效率。

因此，为了提高 Cambricon-F 的吞吐率，我们将 FISA 指令的执行分为五个流水线阶段：指令译码阶段（ID）、数据装载阶段（LD）、操作执行阶段（EX）、归约执行阶段（RD）和数据写回阶段（WB）。类似 CPU 中的流水线，在 ID 阶段，控制器将一条串行分解子指令译码为本地指令、分形指令、DMAC 指令三种控制信号；在 LD 阶段，DMA 将数据从外部存储搬运到本地存储以供 FFU 和 LFU 访问；在 EX 阶段，FFU 完成分形子运算；在 RD 阶段，LFU 完成归约运算；在 WB 阶段，DMA 将运算结果从本地存储搬运到外部存储，完成一条串行分解子指令的执行。SD 是独立于流水线异步执行的，不断将 IQ 中的分形指令分解为串行分解子指令并写入 SQ。

　　因为 Cambricon-F 采用的分形冯·诺依曼体系结构，在单一层次上形成的五级流水线将在体系结构总体上构成递归嵌套的分形流水线。图 3.5 展示了具有两个层次的 Cambricon-F 中形成的分形流水线，其中每一种灰度表示一条分形指令的执行，每一块代表一条串行分解子指令的执行阶段。在上一级的一个 EX 阶段内，下一级运行自己的流水线。因此，Cambricon-F 可以在任意时间调动全部层次上的模块，除了流水线的启动和排空阶段。

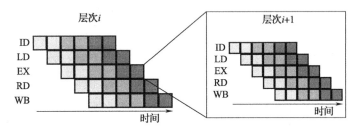

图 3.5　分形流水线示意图

3.4.4　内存管理

　　在控制器工作的过程中，SD、DD 和 PD 都可能需要分配内存空间，因此 Cambricon-F 的内存管理对于整体效率至关重要。其中，PD 需要分配的空间通常仅仅存活于相邻的 EX 和 RD 两个流水线阶段，DD 分配的空间存活于一个完整的串

行分解子指令周期，而 SD 分配的空间的生命周期跨越多个
串行分解子指令周期。生命周期上的差别让我们能够分类管
理内存。我们将 DD 和 PD 所需内存空间的管理权限交给 DD
处理，DD 控制一部分独立的内存空间，称为**循环内存段**，
其中放置串行分解子指令中包含的外部数据、计算结果，以
及归约所需的临时中间结果等；SD 控制一部分独立的内存
空间，称为**静态内存段**，其中放置的是在串行分解期间预先
装载并在多条串行分解子指令间共享的数据。

  Cambricon-F 控制器的内存管理方式如图 3.6 所示，内存
分为五个独立的空间（其中两部分作为静态内存段，三部分
作为循环内存段）。由于可能访问循环内存段的硬件功能单
元有三个：FFU（在 EX 阶段）、LFU（在 RD 阶段）和 DMA
（在 LD 和 WB 阶段），因此循环内存段分为三个区域，由这
三个功能单元各自使用一个区域以避免数据冲突。三个区域
会随着流水线的前进而循环：FFU 在某一区域上执行了 EX
阶段后，在下一流水线周期中，LFU 将获得这块内存，并在
其中完成 RD 阶段的执行；在 LFU 完成了 RD 阶段的执行后，
下一流水线周期中 DMA 将获得这块内存，先完成 WB 阶段
的执行，再完成一条新指令的 LD 阶段的执行；再下一周期
将这块内存区域交还给 FFU，以此类推。类似地，静态内存
段也划分为两个空间，SD 将为每一条输入的分形指令交替
安排使用静态内存段的空间，以避免相邻指令间生命周期重
叠形成数据冲突。

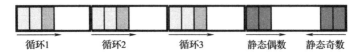

图 3.6 Cambricon-F 控制器的内存管理方式。内存分为五个独立的空间（其中两部分作为静态内存段，三部分作为循环内存段）

DD 和 SD 控制内存的分配时，不会主动释放内存空间。空间的回收是随着流水线的进行而进行的，内存段在经过一轮循环使用后，新的数据将直接覆写在老的数据上。为了充分利用这些临时写在内存中的数据，Cambricon-F 还增加了一种称为张量置换表（TTT）的装置。TTT 会记录内存段上当前存储的数据所对应的外部存储地址。当下一次需要访问同一地址上的外部内存数据时，TTT 能够进行地址置换，用本地存储上暂存的备份代替外部存储访问，以便减少数据交互。TTT 中的记录会随着内存段的循环一同清空，以便保证置换数据的时效性。增加 TTT 后，Cambricon-F 可以将上一条串行分解子指令的运算结果（在 RD 阶段结束后产生）直接前递到下一条串行分解子指令的输入（需要在 EX 阶段开始前准备好），而无须写回后再重新读入，实现类似 CPU 结构中流水线前递的效果。TTT 可以显著改善 Cambricon-F 的执行效率，同时数据一致性也得以保证。

3.5　编程和执行方式

　　得益于分形冯·诺依曼体系结构对编程效率的帮助，不同规模的 Cambricon-F 可以执行同一段代码而无须修改。图 3.7 展示了一段 Cambricon-F 指令内联汇编形式的示例代码（κ-NN 算法），可以看出，为 Cambricon-F 编程时不需要考虑系统的规模，只需将应用负载分解为串行执行的分形运算的序列，并以 FISA 指令表示每一个分形运算。在该例子中，κ-NN 算法可以由四个分形运算串行组成（点集欧氏距离、排序、计数、排序），程序使用四条 FISA 指令来描述它们即可。

```
κ-NN

int  K = 5, N = 262144
tensor  C[1,N], X[ 512,N]
tensor  D[N,N], C2[N,N]
C2[:]  = C[0]
# 计算每一对样本间的距离
fisa  euclidian1d  X, X, D
tensor  C3[K,N], P[K,N]
# 通过排序确定k-近邻的类别
fisa  sort1d D,  dc, C2, C3[K,N][N,N][ 0, 0]
# 为k个类别分别计数
fisa  count1d C3, P
# 通过排序确认近邻中最频繁出现的分类结果
fisa sort1d P,dc, C3, C[1,N][K,N][K−1,0]
```

图 3.7　为 Cambricon-F 编写的 κ-NN 算法程序

FISA 的编程方式遵循不干涉（DNI）原则。系统中的每一个节点都只负责管理自己的模块，而不干涉子节点的工作。Cambricon-F 的程序员担任最高级"控制器"的职责，作为系统之外更高级的节点，也同样遵循该原则。Cambricon-F 的编程具有以下特征：

- **高抽象，任意粒度**。每一条 FISA 指令对应一个完整的、可以操作任意大数据的机器学习原语，程序员不需要干涉运算在该系统上的分解方式。同时，高抽象级别的指令也提高了计算访存比，可以减少数据通信量，帮助提高执行效率。

- **隐式数据搬运**。和 RISC 思想不同，Cambricon-F 不为程序员提供显式的装载/存储指令。FISA 将内部存储隐藏起来，对程序员不可见，迫使程序员将所有的操作数置于外部存储。程序员不需要干涉内部存储的使用情况，程序也不需要适应系统的不同存储容量，由此才能实现程序在任意规模的 Cambricon-F 上都可以执行。

- **硬件透明**。可以注意到在示例代码中没有提及任何与具体机器相关的信息。Cambricon-F 的程序员只需要关注要描述的任务是什么，而不需要干涉机器硬件内部的行为如何。

对于子节点而言，父节点的控制器就相当于自己的程序员。不干涉原则明确了职责划分，不仅降低了编程的复杂性，还降低了控制器的设计难度。

3.5.2   执行

Cambricon-F 与分形计算模型的执行方式类似。Cambricon-F 在定义了**串行分解**和**并行分解**两种关系后，就相当于定义了 **κ-分解程序**；定义了本地指令在 LFU 上的执行，就相当于定义了**归约程序**；定义了叶节点上的功能单元如何完成分形指令的执行，就相当于定义了**叶子模型程序**。与分形计算模型具有的"无限缩放"特征一样，Cambricon-F 在定义了以上控制逻辑后，也可以扩展至任意规模都具有明确定义的执行行为。图 3.8 展示了相同任务负载在两种不同规模的 Cambricon-F 上是如何分别自动展开、执行的，分形冯·诺依曼体系结构中的每一个层次结构都能够通过"无限缩放"将任务切分至适合自身硬件资源限制的粒度。有趣的是，经过

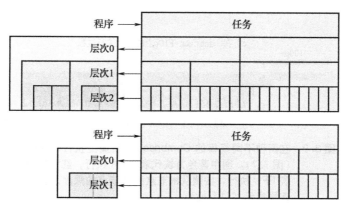

图 3.8   相同任务负载在不同规模的 Cambricon-F 上执行

多个层次不断划分，最后在两台机器中具有同样硬件资源限制的叶子处理器很有可能得到具有相同粒度的子任务。

我们通过实验验证了图 3.8 所描述的执行。我们在两种不同规模的 Cambricon-F 计算机实例上（见 3.6.1 节）测试了图 3.7 中的示例代码，并绘制了 DMA 和 FFU 的执行跟踪，如图 3.9 所示（图中蓝色方块代表 DMA 执行，红色方块代

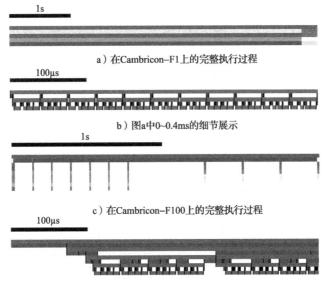

a）在Cambricon–F1上的完整执行过程

b）图a中0~0.4ms的细节展示

c）在Cambricon–F100上的完整执行过程

d）图c中1.4~1.8ms的细节展示

图 3.9　在两种不同规模的 Cambricon-F 机器上执行示例代码
（图 3.7）。图中蓝色方块代表 DMA 执行，红色方块代
表 FFU 执行，按照从根节点到叶节点的顺序从上到下
逐层展示（见彩插）

表 FFU 执行，按照从根节点到叶节点的顺序从上到下逐层展示）。可以明显地看出，在较小规模的 Cambricon-F1 上，任务被高度切分以便满足较小的硬件资源限制（见图 3.9a）；而在较大规模的 Cambricon-F100 上，任务在高层次上仅被切分了 10 次（见图 3.9c），而到了较低层次上才被高度切分。在底层的叶子处理器上，两台机器将任务切分后的执行模式类似（对比图 3.9b 的底部和图 3.9d 的底部）。这证明了 Cambricon-F 具有非常强的规模适应能力，即使在编程时不考虑硬件规模，不同规模的硬件也分别能够将任务各自划分为较优的方式执行。

3.6　实验

3.6.1　实验方案

（1）**基准测试集**　表 3.4 列举了实验选用的 7 个基准测试。鉴于深度学习的重要性，我们选择 VGG-16[63] 作为一项基准应用——它是一个 CNN 模型，包含 16 个卷积层，1.38 亿个参数；我们还选择 ResNet-152[64] 作为基准应用——它是一个具有 152 层的非常深的 CNN 模型。两个 CNN 模型均运行在深度学习社区最常用的 ImageNet[59] 数据集上。我们还选择了四种常用的机器学习应用，包括 k-NN、k-Means、LVQ 和 SVM，运行在一个随机生成的数据集上，包含了 26

万个 512 维的样本，分为 128 个类别，以便模拟出一个重量级计算应用场景。另外，我们还选择矩阵乘法作为一项基准应用，因为矩阵乘法是机器学习领域中最核心的运算。矩阵乘法运行在两个随机生成的 32 768 维方阵上。

表 3.4　基准测试集

基准应用	配置
VGG-16[63]	参数量 1.38×10^8，运算量 3.09×10^{10}，采用最佳批次大小
ResNet-152[64]	参数量 6.03×10^7，运算量 2.26×10^{10}，采用最佳批次大小
K-NN	262 144 样本，512 维，128 类别
K-MEANS	262 144 样本，512 维，128 类别
LVQ	262 144 样本，512 维，128 类别
SVM	262 144 样本，512 维，128 类别
MATMUL	32 768 阶方阵×32 768 阶方阵

（2）**GPU 系统**　我们选择两种 GPU 系统作为基线，包括英伟达 DGX-1[8] 和英伟达精视® 1080Ti。DGX-1 是一个为机器学习应用设计的超级计算机节点，包含 8 个英伟达 V100-SXM2GPU，每一个 GPU 都能够提供 125Tops 的峰值运算能力。经过测试，宿主与设备之间的通信带宽总和平均为 84.24GB/s。1080Ti 是一款高端图形显卡，具有 10.6Tops 的峰值运算能力和 484GB/s 的显存带宽。我们通过编程框架 TensorFlow 1.9[5] 来编写基准测试程序，并提供了 GPU 支持

（CUDA 9.0[11] 和 cuDNN 7[65]），在测试之前我们还通过 Ten-sorRT 4[65] 优化计算流图以便启用专用的 TensorCore 计算单元。我们使用 nvprof 和 nvidia-smi 测量功耗和内存带宽使用量。

（3）**Cambricon-F 系统**   我们构建了两个不同规模的 Cambricon-F 实例，包括 Cambricon-F100 和 Cambricon-F1。为了便于对比，两个实例分别采用与两个 GPU 系统相似的硬件规格参数，如表 3.5 所示。Cambricon-F100 是一台超级计算机节点级别的分形机器学习计算机，具有 956Tops 的峰值运算能力，与 DGX-1 相似（125×8 = 1 000Tops）。它包含五个层次结构，从大到小分别是服务器、计算卡、芯片、分形多处理器和核。在最上层（L0，服务器层次），Cambricon-F100 包含四块 F100 计算卡，通过 PCI-E 3.0 相连，高层级的 LFU 和控制器功能由宿主 CPU 模拟（英特尔至强® E5-4 640 v4 处理器），宿主内存为 1TB。叶子层次（L4，核层次）是一个 Cambricon-F 加速器，拥有 256KB 嵌入式动态随机存取存储器（eDRAM）存储，由 16×16 乘加器单元组成运算部件，时钟频率为 1GHz，每一个核心达到了 477Gops 的峰值算力。Cambricon-F1 是一个桌面级别的分形机器学习计算机，具有 14.9Tops 的运算能力，与 1080Ti 相似（10.6Tops）。它包含三个层次结构，从大到小分别是计算卡、分形多处理器和核。一台 Cambricon-F1 仅包含 1 个分形多处理器，内部包含了 32 个核。

表 3.5 Cambricon-F 实例机器的配置参数

Cambricon-F100	L0	L1	L2	L3	L4
层次名称	服务器	计算卡	芯片	分形多处理器	核
FFU 数量	4	2	8	32	—
LFU 数量	1	0	16	16	—
本地存储容量	1TB	32GB	256MB	8MB	256KB
带宽（GB/s）	128	512	512	512	80
峰值运算能力（Tops）	956	238	119	14.9	0.46

Cambricon-F1	L0	L1	L2
层次名称	计算卡	分形多处理器	核
FFU 数量	1	32	—
LFU 数量	0	16	—
本地存储容量	32GB	8MB	256KB
带宽（GB/s）	512	512	80
峰值运算能力（Tops）	14.9	14.9	0.46

我们使用 EDA 工具链和 45nm 工艺参数设计 RTL，并进行综合、布局布线，以便得到 Cambricon-F 的硬件特征。因为采用了分形冯·诺依曼体系结构，我们可以自底向上迭代地构建巨大的 Cambricon-F 版图。由于硬件仿真需要的时间过长，我们构建了行为级模拟器来代替硬件仿真获得性能数据。我们导出模拟器中的数据通信踪迹，通过 DESTINY[66] 内存模型来计算内存的能耗，内存以外部分的能耗则基于综合结果估算。

3.6.2 实验结果

我们首先展示 Cambricon-F 实例的主要硬件特征参数，然后展示性能、能耗与 GPU 系统的对比。

（1）**硬件特征参数** 单核、单分形多处理器（与 Cambricon-F1 芯片相同）和 Cambricon-F100 芯片的版图如图 3.10 所示，详细的参数如表 3.6 所示。Cambricon-F1 面积为 29.21mm^2，功耗为 4.94W；每一个核的面积为 0.43mm^2，功耗为 75.18mW（45nm 工艺下）。Cambricon-F100 是一台包含了 8 个芯片的计算机，共有 2 048 个核，每一个芯片的面积为 415mm^2，功耗为 42.87W（45nm 工艺下）。

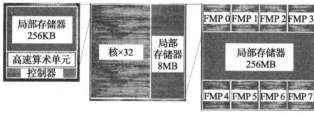

　　a）核　　　　　b）分形多处理器　　　c）Cambricon-F100芯片
　　　　　　　　　　（Cambricon-F1芯片）

图 3.10　Cambricon-F 版图

表 3.6　Cambricon-F 硬件特征参数

组件	面积（μm^2）	（%）	功耗（mW）	（%）
核	426 348		75.18	
存储	201 588	（47.28%）	16.15	（21.48%）
组合逻辑	176 228	（41.33%）	23.74	（31.58%）

（续）

组件	面积（μm^2）	（%）	功耗（mW）	（%）
寄存器	42 248	（9.91%）	27.38	（36.42%）
其他	6 284	（1.47%）	8.38	（11.14%）
芯片 Cambricon-F1	29 206 289		4 935.32	
Cambricon-F100	415 109 951		42 873.06	

表3.7所示为硬件特征参数对比。可以看出，Cambricon-F1具有最佳的功效和面积效率，分别为3.02Tops/W和0.51Tops/mm^2。与谷歌TPU[58]相比，Cambricon-F100具有相当的面积效率和功效。英伟达未报告芯片的功耗，因此我们加上32GB DRAM板载存储，将Cambricon-F板卡数据与GPU板卡进行对比：Cambricon-F1的峰值运算能力比1080Ti高40.57%，同时功耗低45.11%；Cambricon-F100的峰值运算能力比V100-SXM2高1.90倍，同时功耗仅为V100-SXM2的67.34%。

（2）**Cambricon-F1对比1080Ti** 图3.11展示了性能结果，我们采用屋顶模型[67]展示系统的运行效率和瓶颈所在。如图3.11a所示，与1080Ti相比，Cambricon-F1在全部七项基准测试中达到了1.42~659倍，平均提高5.14倍的性能，并减少了87.3%的顶层数据通信。需要注意的是，Cambricon-F1的峰值运算能力比1080Ti高40.6%，并且顶层的通信带宽比1 080Ti高5.8%。一块Cambricon-F1计算卡在基准测试中平均消耗83.1W的功率，而1080Ti平均消耗199.9W。

表 3.7　硬件特征参数对比

芯片	Cambricon-F1	Cambricon-F100	1080Ti	V100-SXM2	DaDianNao[54]	TPU[58]
指令集结构	FISA	FISA	SIMD	SIMD	VLIW	CISC
工艺	45nm	45nm	16nm	12nm	28nm	28nm
结构	FvNA	FvNA	GPU	GPU	ASIC	ASIC
存储类型	eDRAM	eDRAM	SRAM	SRAM	eDRAM	SRAM
存储容量	16MB	448MB	12.8MB	33.5MB	36MB	28MB
峰值运算能力（Tops）	14.9	119	10.6	125	5.58	92
面积（mm^2）	29	415	471	815	67	（≤331）
功耗（W）	4.94	42.87	—	—	15.97	40
功效（Tops/W）	3.02	2.78	—	—	0.35	2.3
面积效率（Tops/mm^2）	0.51	0.29	0.02	0.15	0.08	0.28

板卡	Cambricon-F1	Cambricon-F100	1080Ti	V100-SXM2	DaDianNao	TPU
芯片数量	1	2	1	1	—	1
DRAM 容量	32GB	32GB	11GB	16GB	—	8GB
峰值运算能力（Tops）	14.9	238	10.6	125	—	92
功耗（W）	90.19	167.22	199.90	248.32	—	—

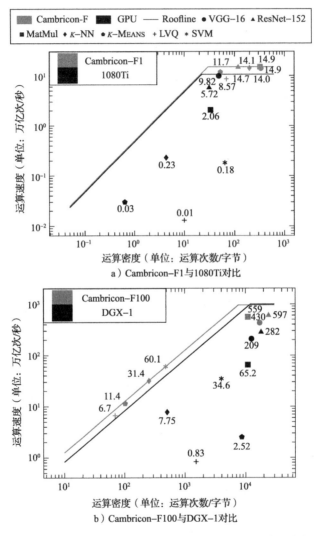

a）Cambricon-F1与1080Ti对比

b）Cambricon-F100与DGX-1对比

图 3.11　采用屋顶模型展示 Cambricon-F 与 GPU 系统的性能比较

获得性能提升的主要原因是 Cambricon-F 采用了较大的片上存储空间。1080Ti 的可编程核心（即 CUDA 核心）拥有的存储空间十分有限，仅有 96KB 共享内存，而 Cambricon-F1 提供了 8MB 的 L1 存储空间。因此，1080Ti 的计算访存比受到存储空间的制约[68]。Cambricon-F1 在七项基准测试中的计算访存比全部达到了脊点，标志着最高层次的通信能力不再是系统性能的瓶颈。因此，Cambricon-F1 在全部七项基准测试中能够达到峰值运算能力的 57.4%～99.8%，平均效率为 88.9%。

（3）**Cambricon-F100 对比 DGX-1**　如图 3.11b 所示，与 DGX-1 相比，Cambricon-F100 在全部七项基准测试中的性能提升 1.74～8.58 倍，平均提升 2.82 倍的性能。需要注意的是，Cambricon-F100 的峰值运算能力比 DGX-1 低 4.4%，顶层的通信带宽比 DGX-1 高 51.9%。全部 4 块 Cambricon-F100 计算卡（包含 8 块 Cambricon-F100 芯片）在测试中平均消耗 614.5W 的功率，而全部 8 块 V100-SXM2GPU 计算卡平均消耗 1986.5W。

在深度学习任务中，Cambricon-F100 相较 DGX-1 将计算访存比提升了 37% 和 33%（分别针对 VGG-16 和 ResNet-152）。计算访存比的提升来自更大的子问题规模，例如 Cambricon-F 能够使用任意大的批次而不会面临内存不足的问题。在实验中，GPU 虽然能够使用更大的批次进行测试，但性能并非随批次大小设置而单调上升，最终导致在 GPU 上选择的批次比 Cambricon-F100 小。Cambricon-F 在控制结构上采用广播数据的优化技巧，也改善了计算访存比。

在其他机器学习任务中，DGX-1 的计算访存比较 Cambricon-F100 高出 85 倍。这一差距来自 GPU 上采用显式内存管理，而 Cambricon-F 为了遵循不干涉原则采用了隐式内存管理。隐式内存管理每一条指令都需要将数据写回根节点，下一条指令再读回（除非张量置换表 TTT 生效置换了外部存储数据地址），因此产生了许多额外的顶层数据通信。在这些机器学习任务中，控制通常较为密集，每一次控制流发生变化都会强制 Cambricon-F 将中间计算结果写回根节点，并打断 FISA 流水线。其中，K-NN 和 SVM 的程序基本块比较完整，因此受到该效应的影响较小；K-MEANS 和 LVQ 需要执行更多的迭代，其中包含的分形运算也不具有良好的计算访存比，所以性能上受到的影响更为严重。另外，当分形运算的粒度不足时，较大规模的 Cambricon-F100 可能因执行时间不足以掩盖控制器分解指令的时间，而无法隐藏控制时间，导致性能进一步下降。然而，DGX-1 达到的性能与屋顶依然有显著的距离，因为 GPU 系统在显存与芯片间的数据通信能力成了瓶颈，而且在 K-MEANS 和 LVQ 中 GPU 也同样受制于频繁的控制干扰，因而性能也更差。

3.7　小结

　　本章节提出了分形冯·诺依曼体系结构——一种采用层次同性原理的专用并行体系结构。相同任务负载在不同规模的分形冯·诺依曼体系结构计算机上可以分别自动展开、执行，因此可以做到对一系列不同规模的计算机仅进行一次编程。以机器学习领域专用体系结构为例，本章节实现了一系列分形机器学习计算机 Cambricon-F，以解决机器学习计算机编程困难的问题。Cambricon-F 在改善编程生产率的同时，还能获得不劣于 GPU 系统的性能和能效。实验结果表明，Cambricon-F 比具有可比规模的 GPU 系统（1080Ti 和 DGX-1）平均分别提高 5.14 倍和 2.82 倍的性能、提高 11.39 倍和 8.37 倍的能效，并节约 93.8% 和 74.5% 芯片面积。

第 4 章

分形可重配指令集结构

在第 3 章介绍的采用了分形指令集结构的分形冯·诺依曼体系结构中，分形运算是由硬件定义的。而按照分形计算模型（第 2 章）的构想，分形运算是由程序定义的。因此，除了分形指令集结构外，分形冯·诺依曼体系结构必须增加特殊的指令集结构支持，才能完整地实现对分形计算模型的模拟执行。本章介绍分形可重配指令集结构（FRISA），作为对分形指令集结构的扩展，以便实现通用分形冯·诺依曼体系结构计算机。

4.1 分形指令集结构的失效现象

第 3 章构建了分形机器学习计算机 Cambricon-F。经过基准测试，Cambricon-F 实现编程效率提升的同时，保持了良好的性能和能效。然而，Cambricon-F 支持的分形运算仅有有限的几种机器学习共性计算原语。如果将基准测试的范围拓展，当算法中涉及一些原生未支持的非共性运算时，我们会发现该计算机存在**失效现象**。Cambricon-F 可以通过串行地拼接原生支持的低级分形运算来间接地支持这些更复杂的算法,但执行效率会有明显的损失。

从复杂度理论的角度来看,失效现象可以分为两类:计算失效(计算复杂度变差,见定义 4.1)和通信失效(通信复杂度变差,见定义 4.2)。

定义 4.1(计算失效)　一个分形计算机 M 执行一个分形运算 I,计算失效意为

$$\lim_{\mathcal{G}\to\infty}\frac{T_M(I\langle\mathcal{G}\rangle)}{T_m(I\langle\mathcal{G}\rangle)}=\infty,\quad m\in M \tag{4.1}$$

式中　$\mathcal{G}$——运算 I 的粒度;

　　　　m——分形计算机 M 的一个叶节点;

　　$T_M(I)$——在 M 上执行 I 时总共执行的计算量。

定义 4.2(通信失效)　一个分形计算机 M 执行一个分形运算 I,通信失效意为

$$\lim_{\mathcal{G}\to\infty}\frac{D_M(I\langle\mathcal{G}\rangle)}{D_m(I\langle\mathcal{G}\rangle)}=\infty,\quad m\in M \tag{4.2}$$

式中　$\mathcal{G}$——运算 I 的粒度;

　　　　m——分形计算机 M 的一个叶节点;

　　$D_M(I)$——在 M 上执行 I 时的数据通信总量。

作为例子,一个在 Cambricon-F 上计算失效的分形运算是 TopK。TopK(n,K) 是一种特殊的排序运算,它并不要求将给定的 n 个元素完全排序,而是仅要求排列前 K 大的元素作为结果。一些经典的排序算法可以简单地支持 TopK,例如

采用**堆排序算法**，只需要将堆的大小从全排序时设置的 n 修改为 K 即可高效地执行该运算，计算复杂度为 $O(n\log K)$。Cambricon-F 支持归并排序，因此可以通过排序指令 SORT1D（或者搭配归并指令 MERGE1D 使用）来间接支持 TopK，但无论如何组合使用 SORT1D 和 MERGE1D，TopK(n, K) 在 Cambricon-F 上执行都需要 $O(n\log n)$ 次比较操作。如果仅针对 Cambricon-F 的一个叶节点（核）编程，则可能达成最优的 $O(n\log K)$ 计算复杂度。因此根据定义 4.1，在 Cambricon-F 上执行 TopK 是计算失效的。

即使没有产生计算失效现象，通信失效也常常发生。一个在 Cambricon-F 上通信失效的分形运算是 Conv3D。Conv3D 是一种增广的卷积运算。在传统的二维图像卷积的基础上，Conv3D 添加了第 3 个空间维度 D（以及对应的卷积窗口大小 K_D）。Cambricon-F 原生支持二维图像卷积指令 CV2D，所以可以先使用 CV2D 指令在维度 D 上执行 K_D 次带有批次的二维卷积运算，得到部分和结果，再分别对位相加（使用 ADD1D 指令）得到最终结果，间接支持 Conv3D。该过程中，计算复杂度保持不变，但额外产生了 $O(K_D)$ 组中间结果，需要写回外部存储中，因此通信量的下界相应提高了 $O(K_D)$ 倍。根据定义 4.2，在 Cambricon-F 上执行 Conv3D 是通信失效的。

在上述两个例子中，失效现象都是由指令集对分形运算的间接支持造成的。间接支持需要将完整的分形运算分解为一组串行的、低抽象级别的分形运算，将分形执行过程拆解为整体串行执行、局部分形执行。即使这些运算本身符合分形运算的定义（定义 1.3），却仍然不能在一台分形冯·诺依曼体系结构计算机上高效地执行。例如图 4.1a 展示了一个例子，"贝叶斯网络"是一种符合分形运算定义的应用负载，但在分形指令集结构上却只能分解为一系列基本运算来描述。拆解后多条基本运算指令之间形成了抽象阻隔，没有任何一条指令保留了原应用负载作为"贝叶斯网络"的语义，也就不能按照针对"贝叶斯网络"最佳的方式执行，引入额外的运算和通信开销。

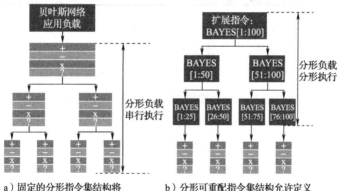

a）固定的分形指令集结构将
分形运算分解为总体串行
执行、部分分形执行

b）分形可重配指令集结构允许定义
任意分形运算作为扩展 指令，因
此可以保持最优的分形执行

图 4.1　分形可重配指令集结构改善失效现象

因此，在分形冯·诺依曼体系结构中，采用固定的、有限的分形指令集无法有效支持多变的、无限的应用负载需求。我们的解决方案是引入分形可重配指令集结构，允许程序员通过编程定义任意分形运算。这样一来，该分形计算机可以模拟分形计算模型，即可最优地执行通用应用负载。如图 4.1b 所示，用户通过编程定义分形扩展指令 BAYES，该应用负载使用一条分形扩展指令描述，在执行过程中各级控制器直接对"贝叶斯网络"进行 κ-分解，最终在叶子处理器上转换为基础运算，保持了语义信息和完整、高效的分形执行过程。

分形可重配指令集结构需要解决以下三项主要挑战：

- **分形指令集**。分形可重配指令集需要灵活可配置，并且要保持分形指令集所具有的高编程效率。

- **架构支持**。硬件结构上需要增加对分形可重配指令集的支持，并且要保持原有层次同性特征不变，才能保持分形冯·诺依曼体系结构。

- **编程范式**。需要一种特殊的专用编程语言来描述分形扩展指令，而且能够将原体系结构中的串行分解器、并行分解器、归约控制器全部统一在同一编程方式之下。

后续章节将依照顺序介绍针对这三项主要挑战的解决方案。

4.2 分形可重配指令集结构概况

图 4.2 绘制了分形指令集结构（FISA）、分形可重配指令集结构（FRISA）和传统指令集结构——例如超长指令字

（VLIW）与精简指令集计算机（RISC）在抽象层次（与编程效率密切相关）及表达灵活性上的关系。位于顶部的 FISA 能够提供出色的编程效率，因为它将一些高抽象级别原语（例如卷积、排序等）直接映射成一条 FISA 指令。然而，当需要的运算不存在于 FISA 指令集中时，就需要编写多条串行执行的 FISA 指令来表达。一方面，因为原运算已经变为多条 FISA 指令组成的序列，每一条指令在执行过程中，各个分形节点无法知道原运算是什么，导致浪费了一部分计算能力和数据复用的机会。另一方面，机器学习算法正在快速演进，许多新提出的高抽象级别原语正在诞生。如果新运算原语不能由已有的 FISA 指令拼接表达，只有更新指令集才能支持该运算，同时还需要重新设计、制造更新指令集的分形计算机。

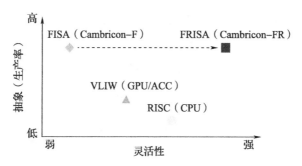

**图 4.2　FISA、FRISA、VLIW 和 RISC
在抽象层次和表达灵活性上的关系**

与 FISA、VLIW 和 RISC 相比，分形可重配指令集结构（FRISA）在抽象层次和表达灵活性上均占优势。与 FISA 不

同，FRISA 不再提供原生的分形指令，而是提供一组本地指
令（与 FISA 中的本地指令类似）作为组件来构造分形指令。
表 4.1 列举了一些本地指令。基于这些本地指令，程序员可
以通过必要的硬件结构支持（见 4.3 节）为新运算构建分形
扩展指令。因此，目标运算可以映射为一条分形扩展指令，
而非 FISA 中串行执行的多条固定的分形指令，从而可以改
善失效现象。与 VLIW 和 RISC 不同的是，这些传统指令集结
构通常更贴近于底层硬件的运算能力，带有许多低抽象层次
的表达（例如许多 RISC 指令是硬件功能单元（如 ALU 和
FPU）的直接映射），而 FRISA 能够将高抽象层次的计算原语
表达为一条分形指令。FRISA 的表达灵活性甚至强于 VLIW 和
RISC，原因有两点：其一，FRISA 提供的本地指令是多样的，
包含了四大类，每一类均分别作用于向量和标量数据，因此能
够组合表达出非常复杂的运算；其二，从程序员的角度来看，
自定义新指令的可重配指令集能够在不更新硬件的情况下提供
新指令，对于适应新兴应用而言是极灵活的。

表 4.1　本地指令的例子

类别	操作	名字
数据搬运	显式的张量移动	tmove
计算类	逐元素非线性变换	veltw
	加法（向量、标量、混合）	vadd、sadd、vsadd
	归约最大值/逻辑"任意"	hmax
	矩阵乘法	mmul

（续）

类别	操作	名字
逻辑类	逻辑"异或"	vxor、sxor
	比较"大于"	vgt、sgt
杂项	生成随机向量	vrng
	比特计数	vpopcnt
	归并有序向量	vmerge

在实际情况中，FISA 指令集中原本提供的分形指令也可以在 FRISA 中预配置，所以具有 FRISA 指令集的计算机可以完全兼容已有的 FISA 程序。

4.3　Cambricon-FR 结构支持

本节介绍分形可重配指令集结构的硬件结构支持，即基于 Cambricon-F（3.4 节）构建的 Cambricon-FR 分形机器学习计算机。总体而言，Cambricon-FR 继承了 Cambricon-F 的绝大多数结构，除了控制器模块是可重配的。图 4.3 展示了 Cambricon-F（左）和 Cambricon-FR（右）控制器结构的对比。Cambricon-F 的控制器中主要部件包含串行分解器（SD）、并行分解器（PD）、降级译码器（DD）和归约控制器（RC）。Cambricon-FR 将 SD、PD 和 RC 重组成一个新的模块（分解器 DEC）。分解器按照预装载的控制代码控制用户定义的分形扩展指令的执行过程，是 Cambricon-FR 能够有效支持任意分形运算的关键模块。

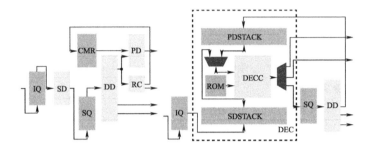

图 4.3 Cambricon-F（左）和 Cambricon-FR（右）控制器结构的对比

（1）**分解器** 图 4.3 包含了分解器模块内部的细节结构，展示了它如何同时代替原 Cambricon-F 控制器中 SD 和 PD 的功能。分解器包含一个只读存储器（ROM）、两个状态栈（PDSTACK 和 SDSTACK），以及一个通用处理单元（DECC）。ROM 用来预装载用户指定的控制代码，DECC 根据 ROM 中装载的代码来执行，两个状态栈用来保存 DECC 的执行状态。DEC 使用双线程执行方式，一条线程模拟 SD 的功能，另一条线程模拟 PD 和 RC 的功能，通过多路选通器切换 DECC 目前访问的状态栈来进行线程切换。PD 线程的优先级高于 SD，因此每当 PDSTACK 不为空时，DECC 将执行 PD 线程，否则切换到 SD 线程。两个线程共享大多数控制代码，因此共用一个 DECC/ROM 能够节省电路面积，也会减少控制代码编程的冗余。

（2）**动态控制**　有时 Cambricon-FR 的一些指令参数需要在运行时读取数据来决定，即需要动态控制。例如，将稀疏数据分解为两部分时，需要插入一条 PopCnt（比特计数）指令在索引表上计数，来确定分解后每一部分的实际大小。因为该数据只有在运行时才能确定，所以需要动态控制的支持来实现这个功能。Cambricon-FR 通过允许在 FRISA 指令上设置间接域来实现动态控制。DEC 维护一个记分板，每一次串行分解开始之前，等待记分板记录的状态为可用时将数据读出并替换间接指令域的值。因此，经过串行分解后，送往其他部分的 FRISA 指令上不会再包含间接域，Cambricon-FR 的其他部分不需要增加动态控制的结构支持。

4.4　专用编程语言

Cambricon-FR 的编程模型是分形计算模型（FPM，见第 2 章）。除了 FRISA 指令外，对 Cambricon-FR 分解器的编程需要一种新编程语言来描述分形运算的三个部分（κ-分解程序、归约程序和叶子模型程序），因此我们提出了专用编程语言 DeFracTaL。DeFracTaL 能够帮助程序员定义扩展指令，而无须管理太多机器运行细节。

DeFracTaL 的编程方式是特殊的，因为许多执行的决定权并不归属于程序员。在 DeFracTaL 中，程序员仅负责提供可供选择的选项，而分解器将按照自身硬件参数、当前执行的指令参数来选择最佳方案。这样，程序员从机器细节中解放出来，更专注于使用语言来描述运算本身。具体来说：

1）程序员定义指令的名字和参数（形参），而 DEFRACTAL 将会提供一个具体的指令（实参）来调用该部分程序。

2）程序员提供几种分解备选项（opt），而 DEFRACTAL 根据机器的实际情况尽力选择一个最佳选项。

3）程序员定义一个分解中枢变量，提供它的取值范围，而 DEFRACTAL 将为中枢变量赋一个最佳的中枢值。

4）程序员根据实参和中枢值，写出该选项下分解出的子指令序列，而 DEFRACTAL 将决定是否对每一条子指令继续进行递归的分解过程。

DEFRACTAL 的主要特色就是通过提供一种人机互动式的编程方式，将形式的定义和实际的执行过程分离，从而简化了编程和硬件结构设计。编程过程中用户将重要决定的权力（例如确定 opt 和确定中枢值）交由 DEFRACTAL 根据机器的实际情况处理。因此，DEFRACTAL 实现了以下三项性质：

- **与硬件配置无关**。因为实际的分解过程由 DEFRACTAL 根据机器的参数来决定，程序员写出的扩展指令定义可以在任意规模的 Cambricon-FR 机器上执行。

- **与指令粒度无关**。当分解出的指令粒度不够小时，DEFRACTAL 能够自动决定继续分解，因此程序员写出的扩展指令定义与指令的粒度无关。

- **与 SD/PD 无关**。程序员不需要关心所写程序是用于
  SD 还是 PD，因为 DEC 能够以双线程模式调度，而在
  SD/PD 线程中分别选取合适的 opt 是 DEFRACTAL 的责
  任，程序员写出的程序与所处线程无关。

为了确保能够支持任何新出现的分形运算，我们严格按
照分形运算的定义（定义 1.3）来设计 DEFRACTAL。
DEFRACTAL 的语法由 C 语言修改而来，一部分专有的语法列
举如下：

⟨translation-unit⟩:: = ⟨frisa-def⟩⟨translation-u-
nit⟩$_{optional}$
⟨frisa-def⟩:: = ⟨frisa-opcode⟩⟨frisa-param-list⟩
{⟨opt-def-list⟩}
⟨pivot-decl⟩::=⟨pivot⟩:[⟨lower⟩,⟨upper⟩]
⟨opt-def⟩:: = ⟨opt-specifier⟩⟨pivot-decl⟩$_{optional}$
⟨comp-stmt⟩
⟨stmt⟩:: = ⟨var-decl⟩|⟨comp-stmt⟩|⟨frac-stmt⟩|
⟨reduce-stmt⟩|⟨sub-inst-stmt⟩⟨frac-stmt⟩:: = **frac**
⟨expr⟩:⟨expr⟩⟨stmt⟩
⟨reduce-stmt⟩::=**reduce**⟨stmt⟩
⟨sub-inst-stmt⟩::=⟨frisa-opcode⟩⟨expr-list⟩;

上述语法中，frisa-def 定义了指令的名字（frisa-
opcode）、参数（frisa-param-list）以及一系列 opt
（opt-def），每一个 opt-def 定义了一个分解备选项。

opt-def 包含了一个分解中枢变量的声明（pivot-decl），以及一个复合语句作为定义分解出的子指令的命令式代码。实际上，有些 opt 不需要定义中枢值，特别是叶节点上的叶子分解（分解为一系列本地指令），因此 pivot-decl 是可以省略的。

DEFRACTAL 当中引入了三种新的语句：frac-stmt、reduce-stmt 和 sub-inst-stmt，分别对应定义 1.3 中的待分解分形运算 $f(\cdot)$、归约运算 $g(\cdot)$ 和实际要写的分解后的子指令。有了这三种语句，DEFRACTAL 就能够描述任何符合定义 1.3 的分形运算。

作为补充，DEFRACTAL 还提供了 opt-specifier 指定该 opt 用于哪一种分解（目标是减少静态内存段和循环内存段使用的 SD、PD、叶子分解）。虽然 DEFRACTAL 原则上不区分 SD 和 PD，但该额外功能能够优化性能，并简化编译器的设计。

图 4.4 展示了一个使用 DEFRACTAL 语言定义卷积指令 Cv2D 的例子。程序声明了扩展指令 Cv2D 的格式、叶子分解（分形计算模型中的叶子模型程序，在本例中简单分解产生一条本地指令 conv）以及 6 个 opt（这些 opt 分别将卷积运算按照批次、输出特征、长、宽和输入特征维度进行分解）。一个特例是输入特征维度被分解成了两个 opt，分别用于 SD 和 PD，DEFRACTAL 会自主选择使用哪一种。在 SD 版本中部分和结果存放在静态内存段，使

用本地指令 add 进行部分和累加；而在 **PD** 版本中部分和结果存放在循环内存段，加法变成了一条用于归约运算的本地指令。

```
Cv2D的DeFracTaL
CV2D WT[CO,KY,KX,CI], IN[BT,YI,XI,CI], OUT[BT,YO,XO,CO] {
  opt(r,p)bt : [1, BT] {
    static WT;
    frac bt : BT {
    CV2D WT, IN[BT:...bt:bt,YI,XI,CI], OUT[BT:...bt:bt,YO,XO,CO];
    }
  } opt co : [1, CO] {
    static IN;
    frac co : CO {
      CV2D WT[CO:...co:co,KY,KX,CI], IN, OUT[BT,YO,XO,CO:...co:co];
    }
  } opt(r,p)yo : [KY, YO] {
    static WT;
    frac yo : YO {
      CV2D WT, IN[BT,YI:...yo:yo+KY-1,XI,CI], OUT[BT,YO:...yo:
      yo,XO,CO];
    }
  } opt(r,p)xo : [KX, XO] {
    static WT;
    frac xo: XO {
      CV2D WT, IN[BT,YI,XI:...xo:xo+KX-1,CI], OUT[BT,YO,XO:...xo:xo,CO];
    }
  } opt(s,r)ci : [1, CI] {
    static par[BT,YO,XO,CO], res[BT,YO,XO,CO];
    frac ci : CI {
      CV2D WT[CO,KY,KX,CI:...ci:ci], IN[BT,YI,XI,CI:...ci:ci], par;
      add res, par, res;
    }
    OUT = res;
  } opt(p) ci : [1, CI] {
    frac ci : CI {
      recycle par[BT,YO,XO,CO];
      CV2D WT[CO,KY,KX,CI:...ci:ci], IN[BT,YI,XI,CI:...ci:ci], par;
    } reduce add par..., OUT;
  } opt(1) {
    conv WT, IN, OUT, CI, CO, KX, KY, XO, YO, BT;
  }
}
```

图 4.4　DeFracTaL 示例程序——定义分形指令 Cv2D

4.5 实验

4.5.1 实验方案

（1）**基准测试集** 我们将使用到的所有基准测试列举在表 4.2 中。我们测试了 6 种 Cambricon-F 没有原生支持的运算来评估失效现象，包括三维图像卷积（Conv3D）、反卷积（Deconv）、深 度 卷 积 （DwiseConv）、通 用 矩 阵 乘 法（GEMM）、稀 疏 矩 阵 乘 法 （SPMM） 和 K 最 大 值 排 序（TopK）。另外，我们还选择了 5 个采用上述运算的机器学习应用负载来评估对应用的整体影响，包括 C3D[69]、FCN[70]、稀疏 AlexNet[30]、MobileNet-V2[71] 和 k-NN 算法。

表 4.2　基准测试集

基准测试	数据集/参数配置
Conv3D	16×56×56×64，$K=3$
Deconv	224×224×256，$K=3$，$S=2$
DwiseConv	224×224×256，$K=3$
GEMM	32 768×32 768×32 768
SPMM	32 768×32 768×32 768，60%稀疏率（左矩阵）
TopK	1GB 数据，$K=512$
C3D[69]	UCF101[72] 数据集
FCN[70]	PASCAL VOC2012[73] 数据集
SPARsE AlexNet[30]	ImageNet[59] 数据集
MobileNet-V2[71]	ImageNet 数据集
k-NN	MNIST[74] 数据集，$K=5$

（2）**GPU**　我们使用与 3.6.1 节相同的 GPU 系统作为基线，即英伟达 DGX-1 和英伟达精视® 1080Ti。为了同时保证编程效率和性能的准确性，我们仅使用 CUDA C++语言编写基准测试程序，没有调用其他任何计算库。在 DGX-1 上，我们尽可能地使用英伟达提供的 CUDA 核函数利用 Tensor-Core。在多种不同的批次大小设置中，我们汇报吞吐率最高的设置作为结果。评估编程效率时采用源代码行数（SLoC）作为量化指标，计数时仅包含能使程序运行的最精简代码，不包括数据预处理、注释、空行和死代码。

（3）**分形计算机**　采用固定分形指令集结构的分形计算机 Cambricon-F 的配置与 3.6.1 节介绍的相同。Cambricon-FR 构建在两种 Cambricon-F 实例的基础上，因此 Cambricon-FR1 与 Cambricon-F1 具有相同的硬件参数配置，Cambricon-FR100 与 Cambricon-F100 具有相同的配置，仅有控制器结构发生了变化。因为分形计算机能够在不同规模的机器上运行相同的程序，所以两种 Cambricon-F 共享代码，我们也只汇报一个源代码行数；两种 Cambricon-FR 也共享代码，我们也只汇报一个源代码行数。我们构建了行为级模拟器来获取性能数据，模拟器刻画了分形流水线的工作流程，足以体现 Cambricon-F 和 Cambricon-FR 之间的区别。

4.5.2　实验结果

（1）**性能**　两种分形计算机相对 GPU 的加速比如图 4.5

所示。在 11 项基准测试上，Cambricon-FR1 比 Cambricon-F1 平均加速 1.96 倍，Cambricon-FR100 比 Cambricon-F100 平均加速 2.49 倍。分形可重配指令集结构打破了分形运算内多条分形指令之间的阻隔，重新将分形运算聚合成一条分形指令执行，在多数测试中显著提升了性能。

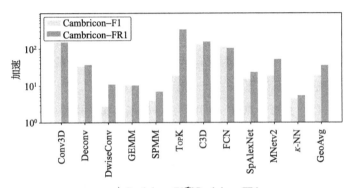

a）Cambricon-F1和Cambricon-FR1

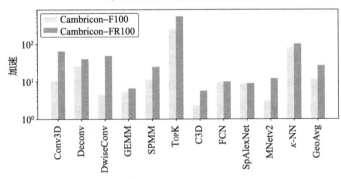

b）Cambricon-F100和Cambricon-FR100

图 4.5　两种分形计算机相对 GPU 的加速比

深度卷积在两种规模的分形计算机上均显著提升了性能。相比 Cambricon-F，深度卷积在 Cambricon-FR1 上提升了 5.72 倍，在 Cambricon-FR100 上提升了 13.63 倍。在采用分形可重配指令集结构之前，要实现深度卷积，Cambricon-F 需要使用大量的逐元素乘法指令 Mul1D 和归约加法指令 HAdd1D 来实现，而这些运算的数据局部性非常差；有了分形可重配指令集结构，深度卷积可以被定义为一条分形扩展指令，在经过各个存储层次时都保持了由卷积带来的数据局部性，因此显著提升了性能。另外，应用负载 MobileNet-V2 主要由深度卷积和逐点卷积构成，也因深度卷积的优化而得到了显著的提升，在两种规模的分形计算机上分别提升 2.90 倍和 5.30 倍。

三维图像卷积在大规模的分形计算机上显著提升了性能。与 Cambricon-F 相比，三维图像卷积在 Cambricon-FR100 上提升了 3.60 倍，但在 Cambricon-FR1 上获得的提升则可忽略不计。根据 4.1 节的分析，三维图像卷积原本是一种在 Cambricon-F 上通信失效的运算，但在小规模的分形计算机上，通信受到存储容量的限制已经很高，因此通信失效现象被掩盖了；在大规模的分形计算机上通信失效问题开始显现，因而 Cambricon-FR 显著提升了性能。类似的效应同样存在于 C3D、GEMM 中。

相反，TopK 在小规模的分形计算机上能够获得最显著的性能提升（18.88 倍），但在大规模的分形计算机上的性能提升反而不及平均水平（仅 2.17 倍）。根据 4.1 节的分析，TopK 原本是一种在 Cambricon-F 上计算失效的运算，因此 Cambricon-FR 显著降低了完成该分形运算所需的整体运算量，但在通信量上则降低得不多。在大规模的分形计算机上，峰值运算能力很强但通信带宽相对受限，因而降低运算量的效果相对而言不容易显现出来。

（2）**编程效率**　编程效率包含两个方面的含义：对于应用开发者而言的编程效率和对于系统软件（包含编译器）开发者而言的编程效率。对于应用开发者而言，只需要为 N 种规模的分形计算机开发 1 份代码，因此所需编写的程序从 N 降到 1，提高了编程效率。在编写程序时，分形计算机为用户提供的串行编程体验与现有的编程框架非常相似（例如 TensorFlow 和 PyTorch），都是由基本算子串行组成，因此也能降低应用开发者的学习成本。图 4.6 所示为 Cambricon-F、Cambricon-FR 和两种 GPU 系统的源代码行数（SLoC）比较。Cambricon-FR 将编程效率提升了 6.35 倍（相比于 DGX-1）和 6.06 倍（相比于 1080Ti）。另外，实验中两种不同规模的 Cambricon-FR 使用了完全相同的代码，而两种规模的 GPU 系统上运行的代码是不一致的——在 DGX-1 上编程需要额外控制 TensorCore 和多 GPU 并行，才能达到理想的运行效率。

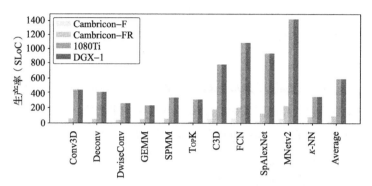

图 4.6　Cambricon-F、Cambricon-FR 和两种
GPU 系统的源代码行数（SLoC）比较

系统软件的作用是为应用开发者提供编程环境。对于系统软件开发者而言，Cambricon-FR 所需编写的 DeFracTaL 代码用于定义扩展指令，也可以视作系统软件编程的内容。因为与 Cambricon-F 相比，Cambricon-FR 需要额外的 DeFracTaL 代码，因此 Cambricon-F 所需的代码总量更少（Cambricon-FR 所需代码总量是 Cambricon-F 所需代码总量的 4.70 倍）。然而，当 DeFracTaL 代码写成后，就可以在多个应用之间复用。如果复用了 DeFracTaL 代码，Cambricon-FR 的编程效率比 Cambricon-F 高。在基准测试中 DeFracTaL 代码的平均长度是 81.1 行，而在新定义的扩展指令帮助下，FRISA 指令长度相比 FISA 指令长度更短（FISA 指令长度是 FRISA 指令长度的 1.30 倍）。

4.6 小结

本章节提出了分形可重配指令集结构（FRISA）——一种按照分形计算模型设计的分形计算机指令集结构。分形可重配指令集结构能够在分形冯·诺依曼体系结构计算机上定义任意的分形运算，因此可以在其上实现分形计算模型，形成通用分形冯·诺依曼体系结构计算机。以机器学习领域专用体系结构为例，本章节在 Cambricon-F 的基础上实现了一系列可重配的分形机器学习计算机 Cambricon-FR，以避免 Cambricon-F 在新兴机器学习应用上遇到的失效现象。Cambricon-FR 在避免失效现象、提高系统运行效率的同时，还能通过定义分形扩展指令缩短描述应用所需的分形指令串的长度。实验结果表明，Cambricon-FR 比具有可比规模的 GPU 系统（1080Ti 和 DGX-1）的源代码行数平均缩短了 6.06 倍和 6.35 倍，比同等配置 Cambricon-F 性能平均提升了 1.96 倍和 2.49 倍。

第 5 章

讨论与总结

5.1 讨论

我们首先以回答疑问的方式来澄清一些常见的问题，本着与读者一同探讨的目的撰写本节内容。

Q1. "编程与规模无关"中的"规模"是什么含义？

在本书中我们以"规模"指代计算资源的规模，可能是计算模型中命名的执行部件，也可能是硬件结构中的硬件功能单元。对于算法、任务的规模，行文中统一采用"粒度"一词来指代，以示区分。

Q2. 分形计算系统中，"分形"概念和计算机编程理论中常用的"递归"概念之间的关系是什么？

在几何学中，分形体是以递归形式定义的，因此在原始的数学含义中递归概念范畴与分形概念范畴具有较大程度的重叠；在分形计算系统中，分形计算模型、体系结构和指令集也都是以递归形式定义的，因此读者在区分这两个概念时常常会感到困难。我们在这里加以澄清，分形计算系统与通常在计算机编程理论中使用的"递归"概念具有以下联系和区别：

- 分形计算系统之所以以"分形"命名，是因为采用了分形中暗含的"自相似"和"规模不变量"含义，意指分形计算系统所采用的层次同性设计原理，以及具有的编程-规模无关性这一关键性质；在递归编程中，不同递归调用深度上程序行为通常是自相似的，但递归概念与系统规模尺度没有明确的联系。

- 分形计算系统采用递归形式定义，但并未采用递归的执行方式。在分形计算模型中，分形运算根据其递归形式的定义($f(X) = g(f(X_1), f(X_2), \cdots, f(X_k))$)被分解为多个分形子运算，但每一个分形子运算执行在独立的分形子-模型上，这与计算机编程理论中谈及"递归"时在同一个控制流中通过堆栈实现的递归执行方式有明显不同。同样地，在具体的分形计算机上也体现出了差别，一条分形指令在分解后被送往不同的分形处理单元并发执行，体现了将分形的应用负载和分形的硬件结构结合的特殊执行方式，这是"递归"概念范畴不包含的。

- 递归编程需要设置一个递归出口，通常是采用确定的终止条件来触发，是递归程序的一部分；在分形计算模型中，分形执行的κ-分解过程没有确定的终止条件，而是由执行的硬件根据自身资源限制和最佳并发度自由确定的，因而能够通过自由的"无限缩放"选择合理的运算粒度。

Q3. 分形计算模型、分形冯·诺依曼体系结构都采用层次结构，运算数据需要逐层搬运，如何保证计算效率？

首先，有两项证据可以打消读者关于分形计算机计算效率的担忧。从理论上，定理 2.1 证明了分形计算模型能够最优地模拟 BSP 模型，因而在通用领域应用负载上，分形计算模型能达到的计算效率不劣于 BSP 模型，额外引入的归约开销最多为 $O(1)$；从实验上，3.6.2 节展示了一个分形冯·诺依曼体系结构的具体实现（即 Cambricon-F），它在选定的基准测试集上能够达到不劣于 GPU 系统的性能。

然后，保证计算效率的诀窍是采用流水执行。流水执行对于分形计算模型尤为重要，以至于定理 2.1 的证明过程和 Cambricon-F 的实现中都引入了流水执行，如果没有一个高效的流水线则上述两项证据都难以成立。原因是根据无限缩放效应，随着执行细节不断引入，完成一个分形运算所需要的执行步骤也会无限缩放，如果不能有效地流水执行则无法让无限缩放引入的众多独立运算部件同时工作，也就难以达到对计算资源的高利用率。

最后，需要澄清的是，由于本书的目标是提出一种批处理式的计算系统，因而我们更多地关注吞吐率而非延迟。流水线可以保证从吞吐率角度衡量的性能，但流水线的加深并不能隐藏数据逐层搬运积累的延迟，这也是分形计算系统目前存在的一项缺陷。

Q4. 有很多计算不具备分形的特征，特别是在机器学习之外的领域。为什么说分形计算模型是通用并行计算模型？分形计算模型是如何支持非分形运算的？

在 2.4 节中我们论述了使用分形计算模型模拟执行 BSP 模型的方式，该论述说明任何能够在 BSP 模型上编程实现的算法，都可以在分形计算模型上实现。因为至少会存在这样一种实现方式：编写该算法的 BSP 程序，使用分形计算模型模拟执行 BSP 机，并在该模拟 BSP 机上执行所编写的 BSP 程序。通过这样的实现方式，程序员无须遵循分形计算模型将所有运算描述为分形运算的要求，而在被模拟的计算模型上采用传统的（在此例中是 BSP 式的）编程方式。但如此一来，分形计算模型带来的编程特性（即编程-规模无关性）也不适用于 BSP 模型编程的部分。

因此，分形计算模型的编程-规模无关性是针对具有分形特征的应用而言的。那些不能描述为分形运算、但可以编写为并行算法的应用不会享受分形计算模型带来的编程特性，但它们确实可以在分形计算模型上实现，因而我们说分形计算模型是通用并行计算模型。

Q5. 定理 2.1 证明了分形计算模型的最优性质。但作为分形计算模型启发的体系结构实例，Cambricon-F 却出现了计算失效和通信失效现象。这之间是否形成了矛盾？

问题在于 Cambricon-F 所适用的负载范围。按照 3.3.1 节所述，Cambricon-F 在设计之初是通过支持一组特定的共性计算原语来支持机器学习应用负载的。在 Cambricon-F 中各个原语的分形执行方式是由硬件定义的，一旦确定就不能修改，因而它作为一台**分形计算机（FM，定义 3.4）**仅支持这些计算原语及这些计算原语的串行排列组合。当 Cambricon-F 离开适用范围、出现超出共性计算原语范围的新应用负载时，失效现象才会产生，其根本原因并非是 Cambricon-F 的分形执行过程没有达到最优，而是 3.3.1 节选定的有限的计算原语不能有效地表达复杂多变的应用负载。上述这一观点可以快速找到佐证，以 TopK 为例，任何一个仅支持 3.3.1 节列举的计算原语的计算机都不能有效地支持 TopK，这说明计算失效现象并不仅发生在分形计算机上。

为了解决这个问题，Cambricon-FR 引入了分形可重配指令集结构 FRISA，允许用户通过软件定义分形执行方式。用户输入分形运算的分形执行方式描述，Cambricon-FR 便重配置为能够执行该分形执行过程的分形计算机，因此具有 FRISA 的 Cambricon-FR 是一台**通用分形计算机（Universal Fractal Machine，UFM）**。仿照艾伦·图灵针对图灵机和通用图灵机的定义方式[75]，我们也可以给出通用分形计算机的定义。

定义 5.1（通用分形计算机）　*如果一台分形计算机 U 接受了另外任意一台分形计算机 M 的描述作为额外输入，U 的执行行为与 M 一致，则说 U 是通用分形计算机。*

我们的观点是，Cambricon-F 和 Cambricon-FR 均体现了分形计算模型的最优性质。Cambricon-F 与 Cambricon-FR 的区别在于分形计算机和通用分形计算机的区别：Cambricon-F 支持的是特定应用的分形执行，而 Cambricon-FR 能够被编程配置为支持任意一种分形运算。

Q6. 分形计算模型和体系结构似乎都是单节点的，如果增加机群这个层次，是否仍可以采用统一编程？

本书中分形计算模型未假设实际体系结构位于哪个层次；在 Cambricon-F/Cambricon-FR 的实验中，由于实验条件有限，最大仅构建了单节点机器学习超算作为例子，但扩展至多节点时构建思路是一样的。分形计算系统最重要的特征是采用层次同性设计，在机群层次设计具有同样编程控制接口的通信总线、临时存储器（在机群层次可以通过资源解集或虚拟内存空间来实现）、控制器（实际实现中可能模拟执行在某一节点上而不具备独立的硬件结构）和归约运算器即可构成机群规模分形计算系统，这些都可以通过额外的接口封装来实现。未来工作中将探索具体如何构建具有机群规模的分形计算系统实例。

5.2 未来研究工作展望

实际硬件计算资源、存储资源、I/O 资源都是有限的，而不同任务负载需求的资源差异很大。分形计算机如何调配有限的资源来支持多种不同特性的任务负载？我们认为可以尝试在分形计算机中实现资源解集（Resource Disaggregation）[76]。分形计算系统能否实现"虚拟化"，同时为多个任务负载提供计算服务，并满足每一个任务的响应时延需求？在真实应用场景中，这些问题同样具有重要价值，但本文尚未讨论。

本书已经说明分形计算模型能够在广泛的硬件基础上执行，但尚未说明其执行效率能否够达到最优。在现实条件中，硬件的拓扑结构、运算和通信能力、资源限制、编程控制方式等因素都大相径庭，因此仍然需要额外的工作来阐明分形计算模型适合于哪些硬件。例如，在智能家电场景下多种规模不同的设备以任意拓扑组网，能否高效运行分形计算模型，并实现计算迁移[77]？全体互联网设备共同组成的分布式计算系统，能否高效运行分形计算模型？对于常用的采用SIMT编程方式的GPU设备，能否根据分形程序由编译器自动翻译为CUDA、OpenCL等SIMT程序？能否翻译为领域特定加速器上的汇编程序？翻译后程序功能是否完备？执行是否高效？这些问题仍尚待探讨。

如果能够设计并实现一款以分形计算模型为核心的并行编程框架，将具有很强的实用意义，不仅能够加速研究成果的应用落实，而且能够为本文第2章中的理论分析结果（以及上述展望问题）提供直接来自真实应用场景的证据。

另外，在写作过程中，我们发现目前仍然很难精确、量化衡量编程效率。采用源代码行数（SLoC）作为指标难以体现具有多重来源的编程难题，例如编程-规模相关性在 SLoC 中就难以直接展示。本书提出了关于规模的编程复杂度概念，但尚未在具体的实验评估中采用，在未来工作中如何定义、比较编程效率是一个值得仔细讨论的话题。

5.3　总结

本书提出的分形计算系统，是一种能够解决来源于编程-规模相关的编程难题的并行计算系统。分形计算系统的应用负载是分形运算，计算模型是分形计算模型，体系结构是分形冯·诺依曼体系结构，指令集结构是分形可重配指令集结构。分形计算系统采用了层次同性设计，在不同规模尺度上自相似，具有相同形式的硬件资源抽象、任务负载抽象和执行行为抽象，可以做到根据单一层次结构的刻画对系统规模进行任意扩展。因此，分形计算系统具有编程-规模无关性、最优性和通用性，能够做到只需编写串行的程序，由系统自动展开、并行执行，适应各种不同的系统规模。

1）本书证明了分形计算模型具有通用性和最优性，能够以最优的开销运行广泛的并行计算算法，并且能够在广泛的硬件基础上运行。分形计算模型能够模拟执行 BSP 模型，模拟执行开销相比理想执行开销仅有常数乘数倍差距，并且该常数通常很小,因此任何能在 BSP 模型上编程实现的并行算法都能在分形计算模型上高效地执行。

2)实验结果表明,分形冯·诺依曼体系结构机器学习计算机 Cambricon-F 在 7 项典型机器学习应用负载上相比具有可比规模的 GPU 系统(1080Ti 和 DGX-1)平均分别提高 5.14 倍和 2.82 倍的性能,提高 11.39 倍和 8.37 倍的能效,并节约 93.8%和 74.5%总芯片面积。

3)实验结果表明,在 11 项复杂机器学习应用负载上,采用分形可重配指令集结构的分形计算机 Cambricon-FR 比具有可比规模的 GPU 系统(1080Ti 和 DGX-1)源代码行数平均分别缩短了 6.06 倍和 6.35 倍,比同等配置 Cambricon-F 性能平均分别提升了 1.96 倍和 2.49 倍。

参考文献

[1] DA COSTA G, FAHRINGER T, GALLEGO J A R, et al. EXascale machines require new programming paradigms and runtimes [J]. Supercomputing frontiers and innovations, 2015, 2 (2): 6-27.

[2] 彭晓晖, 张星洲, 王一帆, 等. Web 使能的物端计算系统[J]. 计算机研究与发展, 2018, 55: 572-584.

[3] 施巍松, 刘芳, 孙辉, 等. 边缘计算[M]. 北京: 科学出版社, 2018.

[4] 徐志伟, 李国杰. 普惠计算之十二要点[R/OL]. 李国杰文选, 2013. http://www. ict. cas. cn/liguojiewenxuan/wzlj/lgjxsbg/201302/P020130223675291752975. pdf.

[5] ABADI M, BARHAM P, CHEN J, et al. TensorFlow: A System for Large-Scale Machine Learning[C/OL]//12th USENIX Symposium on Operating Systems Design and Implementation (OSDI 16). Savannah, GA: USENIX Association, 2016: 265-283. https://www. usenix. org/conference/osdi16/technical-sessions/presentation/abadi.

[6] GRAY J. What next? A Dozen Information-Technology Research Goals[J]. ACM, 2003, 50 (1): 41-57.

[7] BROOKS JR F P. The mythical man-month (anniversary ed.)

[M]. Redding: Addison-Wesley Longman Publishing Co., Inc., 1995.

[8] NVIDIA CORPORATION. NVIDIA Tesla V100 GPU Architecture [Z/OL]. 2018. https://images. nvidia. com/content/volta-architecture/pdf/volta-architecture-whitepaper. pdf.

[9] GROPP W, GROPP W D, LUSK E, et al. Using MPI: portable parallel programming with the message-passing interface [M]. Cambridge: MIT Press, 1999.

[10] JEAUGEY S. Nccl 2. 0[R]. GTC, 2017.

[11] NVIDIA CORPORATION. CUDA Toolkit Documentation v9. 0. 176[Z/OL]. 2018. https://docs. nvidia. com/cuda/archive/9. 0/.

[12] NVIDIA CORPORATION. Parallel ThreaDExecution ISA Version 6.2 [Z/OL]. 2018. https://docs. nvidia. com/cuda/parallel-thread-execution/index. html.

[13] SIERPIŃSKI W. Sur une courbe cantorienne qui contient une image biunivoque et continue de toute courbe donnée[J]. C. R. Acad. Sci. Paris, 1916.

[14] FLYNN M J. Very high-speed computing systems[J]. Proceedings of the IEEE, 1966, 54 (12): 1901-1909.

[15] SUTTER H. The free lunch is over: A fundamental turn toward concurrency in software [J]. Dr. Dobb' s journal, 2005, 30 (3): 202-210.

[16] VALIANT L G. A bridging model for parallel computation [J/OL]. Communications of the ACM, 1990, 33 (8): 103-111. http://portal. acm. org/citation. cfm? doid=79173. 79181.

[17] DEAN J, GHEMAWAT S. MapReduce: simplified data processing on large clusters[J]. Communications of the ACM, 2008, 51 (1): 107-113.

[18] CULLER D, KARP R, PATTERSON D, et al. LogP: Towards a realistic model of parallel computation [C]//Proceedings of the

fourth ACM SIGPLAN symposium on Principles and practice of parallel programming. New York: ACM, 1993: 1-12.

[19] DAREMA F, GEORGE D, NORTON V, et al. A single-program-multiple-data computational model for EPEX/FORTRAN [J/OL]. Parallel Computing, 1988, 7 (1): 11-24. http://www. sciencedirect. com/science/article/pii/0167819188900944.

[20] WONG H, PAPADOPOULOU M, SADOOGHI-ALVANDI M, et al. Demystifying GPU microarchitecture through microbenchmarking[C]//2010 IEEE International Symposium on Per-formance Analysis of Systems Software (ISPASS). Carmbridge: IEEE, 2010: 235-246.

[21] VALIANT L G. A bridging model for multi-core computing[J]. Journal of Computer and System Sciences, 2011, 77 (1): 154-166.

[22] STROHMAIER E. TOP500 Supercomputers [EB/OL]. 2019. https://www. top500. org/lists/2019/11/.

[23] NYBERG C, SHAH M. Sort Benchmark Home Page[Z/OL]. 2019. http://sortbenchmark. org/.

[24] CORMEN T H, LEISERSON C E, RIVEST R L, et al. Introduction to Algorithms [M]. 3rd ed. Cambridge: The MIT Press, 2009.

[25] ZHAO Y, DU Z, GUO Q, et al. Cambricon-F: Machine Learning Computers with Fractal von Neumann Architecture[C]//Proceedings of the 46th International Symposium on Computer Architecture (ISCA' 19). Phoenix: Association for Computing Machinery, 2019: 788-801.

[26] KARLOFF H, SURI S, VASSILVITSKII S. A model of computation for MapReduce[C]//Proceedings of the twenty-first annual ACM-SIAM symposium on Discrete Algorithms. Philadelphia: SIAM. 2010: 938-948.

[27] ZAHARIA M, CHOWDHURY M, FRANKLIN M J, et al. Spark: Cluster Computing with Working Sets[C]//Proceedings of

the 2nd USENIX Conference on Hot Topics in Cloud Computing. Boston: USENIX Association, 2010: 10.

[28] GOOGLE Inc. Cloud Vision: Derive insight from your images with our powerful pretrained API models or easily train custom vision models with AutoML Vision[CP/OL]. 2019. https://cloud. google. com/vision.

[29] JIANG B, LUO R, MAO J, et al. Acquisition of Localization Confidence for Accurate Object Detection[J]. Lecture Notes in Computer Science, 2018: 816-832.

[30] KRIZHEVSKY A, HINTON G E, SUTSKEVER I, et al. ImageNet Classification with Deep Convolutional Neural Networks [R]. New York: Communication of the ACM, 2017 (6): 84-90.

[31] GOOGLE INC. Cloud Speech-to-Text: Speech-to-text conversion powered by machine learning an davailable for short-form or long-form audio [Z/OL]. 2019. https://cloud. google. com/speech-to-text/.

[32] VAN DEN OORD A, DIELEMAN S, ZEN H, et al. WaveNet: A Generative Model for Raw Audio[J]. arXiv preprint, 2016, arXiv: 1609. 03499.

[33] AMAZON. Easily recognize famous individuals and celebrities using Amazon Rekognition[Z/OL]. 2019. https://aws. amazon. com/rekognition.

[34] ZHOU E, CAO Z, SUN J. GridFace: Face Rectification via Learning Local Homography Transformations[J]. Lecture Notes in Computer Science, 2018: 3-20.

[35] GOOGLE Inc. CLOUD VIDEO INTELLIGENCE: Search and discover your media content with Cloud Video Intelligence[Z/OL]. 2019. https://cloud. google. com/video-intelligence/.

[36] MEI T, ZHANG C. Deep Learning for Intelligent Video Analysis [C/OL]//Proceeding of the 25th ACM international conference

on Multimedia New York: ACM 2017. https://www.microsoft. com/en-us/research/publication/deep-learning-intelligent-video-analysis/.

[37] CHAUDHURI S, THEOCHAROUS G, GHAVAMZADEH M. Personalized Advertisement Recommendation: A Ranking Approach to Address the Ubiquitous Click Sparsity Problem[J/OL]. CoRR, 2016, arXiv: 1603. 01870. http://arxiv. org/abs/ 1603. 01870.

[38] MAHLMANN T, DRACHEN A, TOGELIUS J, et al. Predicting player behavior in Tomb Raider: Underworld[C]//Proceedings of the 2010 IEEE Conference on Computational Intelligence and Games. Cambridge: IEEE, 2010: 178-185.

[39] SILVER D, SCHRITTWIESER J, SIMONYAN K, et al. Mastering the game of Go without human knowledge[J]. Nature, 2017, 550: 354-359.

[40] CAMBRICON. Cambricon 1H provides strong AI computing in Huawei Kirin 980[Z/OL]. 2018. http://www. cambricon. com/ news/index. php? c=show&id=253.

[41] APPLE Inc. Get Ready for Core ML 2[Z/OL]. 2018. https:// developer. apple. com/machine-learning/.

[42] NVIDIA CORPORATION. NVIDIADG X-2H[Z/OL]. 2018. https: //www. nvidia. com/content/dam/enzz/es _ em/Solutions/ Data-Center/dgx-2/dgx-2h-datasheet-us-nvidia-841283-r6-web. pdf.

[43] GOOGLE Inc. What makes TPUs fine-tune df or deep learning? [Z/OL]. 2018. https://cloud. google. com/blog/products/ ai-machine-learning/what-makes-tpus-fine-tuned-for-deep-learning.

[44] IBM. The most powerful computers on the planet[Z/OL]. 2018. https://www. ibm. com/thought-leadership/summit-super-computer/.

[45] PASZKE A, GROSS S, MASSA F, et al. PyTorch: An impera-

tive style, high-performance deep learning library[C]//Advances in Neural Information Processing Systems. New York: Curran Associates Inc. , 2019: 8024-8035.

[46] CHEN T, LI M, LI Y, et al. Mxnet: A flexible and efficient machine learning library for heterogeneous distributed systems[J]. arXiv preprint, 2015, arXiv: 1512. 01274.

[47] HUTCHINSON J. Fractals and Self-Similarity[J]. Indiana Univ. Math, 1981, 30: 713-747.

[48] WZR W, SURFHVV V, GHSOR L V, et al. Towards Pervasive and User Staisfactory CNN across GPU Microarchitecture[C]// Proceedings of The 23rd IEEE Symposium on High Performance Computer Architecture (HPCA). Cambridge: IEEE, 2017: 1-12.

[49] ZHANG X, XIE C, WANG J, et al. Towards Memory Friendly Long-Short Term Memory Networks (LSTMs) on Mobile GPUs [C]//Proceedings of the 51st Annual IEEE/ACM International Symposium on Microarchitecture. Cambridge: IEEE, 2018: 162-174.

[50] HILL P, JAIN A, HILL M, et al. DeftNN: Addressing Bottlenecks for DNN Execution on GPUs via Synapse Vector Elimination and Near-compute Data Fission[C]//Proceedings of the 50th Annual IEEE/ACM International Symposium on Microarchitecture. Cambridge: IEEE, 2017: 786-799.

[51] PARK J, SHARMA H, MAHAJAN D, et al. Scale-out acceleration for machine learning[C/OL]//Proceedings of the 50th Annual IEEE/ACM International Symposium on Microarchitecture. Cambridge: IEEE, 2017: 367-381. https://dl. acm. org/citation. cfm ? id=3123979.

[52] SHEN Y, FERDMAN M, MILDER P. Maximizing CNN Accelerator Efficiency Through Resource Partitioning[C/OL]//Proceedings of the 44th Annual International Symposium on Computer Architecture (ISCA' 17). Cambridge: IEEE, 2017: 535-547. http://arxiv. org/abs/1607. 00064. DOI: 10. 1145/3079856.

3080221.

[53] CHEN T, SRINATH S, BATTEN C, et al. An Architectural Framework for Accelerating Dynamic Parallel Algorithms on Reconfigurable Hardware[C/OL]//Proceedings of the 51st Annual IEEE/ACM International Symposium on Microarchitecture. Cambridge: IEEE, 2018: 55-67. https://www.csl.cornell.edu/~tchen/files/parallelxl-micro18.pdf.

[54] CHEN Y, LUO T, LIU S, et al. DaDianNao: A Machine-Learning Supercomputer[C]//Proceedings of the 47th Annual IEEE/ACM International Symposium on Microarchitecture (MICRO-47). Cambridge: IEEE, 2015: 609-622.

[55] CHEN Y, CHEN T, XU Z, et al. DianNao family: energy-efficient hardware accelerators for machine learning[J]. Communications of the ACM, 2016, 59 (11): 105-112.

[56] DU Z, FASTHUBER R, CHEN T, et al. ShiDianNao: Shifting Vision Processing Closer to the Sensor[C]//Proceedings of the 42nd Annual International Symposium on Computer Architecture. Cambridge: IEEE, 2015: 92- 104.

[57] LIU D, CHEN T, LIU S, et al. PuDianNao: A Polyvalent Machine Learning Accelerator[C]//Proceedings of the 20th international conference on Architectural support for programming languages and operating systems (ASPLOS). New York: ACM, 2015: 369-381.

[58] JOUPPI N P, YOUNG C, PATIL N, et al. In-Datacenter Performance Analysis of a Tensor Processing Unit[C]//Proceedings of the 44th Annual International Symposium on Computer Architecture (ISCA'17). Cambridge: IEEE, 2017: 1-17.

[59] DENG J, DONG W, SOCHER R, et al. ImageNet: A Large-Scale Hierarchical Image Database[C]//CVPR09. Cambridge: IEEE, 2009: 248-255.

[60] LIU S, DU Z, TAO J, et al. Cambricon: An Instruction Set

Architecture for Neural Networks[C]//. 2016 ACM/IEEE 43rd Annual International Symposium on Computer Architecture (ISCA). Cambridge: IEEE, 2016: 393-405.

[61] VANHOUCKE V, SENIOR A, MAO M Z. Improving the speed of neural networks on CPUs[C]//Deep Learning and Unsupervised Feature Learning Workshop, Neural Information Processing Systems Conference (NIPS). Cambridge: MIT Press, 2011.

[62] ESMAEILZADEH H, SAEEDI P, ARAABI B, et al. Neural Network Stream Processing Core (NnSP) for Embedded Systems[C/OL]//2006 IEEE International Symposium on Circuits and Systems (ISCS). Cambridge: IEEE, 2006: 2773-2776. http://ieeexplore. ieee. org/lpdocs/epic03/wrapper. htm? arnumber=1693199.

[63] SIMONYAN K, ZISSERMAN A. Very Deep Convolutional Networks for Large-Scale Image Recognition[J/OL]. CoRR, 2014, arXiv: 1409. 1556. http://arxiv. org/abs/ 1409. 1556.

[64] HE K, ZHANG X, REN S, et al. Deep Residual Learning for Image Recognition[C]//The IEEE Conference on Computer Vision and Pattern Recognition (CVPR). Cambridge: IEEE, 2016: 770-778.

[65] NVIDIA CORPORATION. NVIDIA Deep Learning SDK[Z/OL]. 2018. https://docs. nvidia. com / deeplearning/sdk/index. html.

[66] POREMBA M, MITTAL S, LI D, et al. DESTINY: A Tool for Modeling Emerging 3D NVM and eDRAM Caches[C/OL]//Proceedings of the 2015 Design, Automation & Test in Europe Conference (DATE' 15). Grenoble: EDA Consortium, 2015: 1543-1546. http://dl. acm. org/citation. cfm? id=2755753. 2757168.

[67] WILLIAMS S, WATERMAN A, PATTERSON D. Roofline: An Insightful Visual Performance Model for Multicore Architectures [J/OL]. Commun. ACM, 2009, 52 (4): 65-76. http://doi. acm. org/10. 1145/1498765. 1498785.

[68] SUN X H, NI L M. Scalable Problems and Memory-Bounded Speedup[J/OL]. Journal of Parallel and Distributed Computing,

1993, 19（1）: 27-37. http://www. sciencedirect. com/ science/article/pii/S0743731583710877.

[69] TRAN D, BOURDEV L, FERGUS R, et al. Learning Spatiotemporal Features With 3D Convolutional Networks[C]//The IEEE International Conference on Computer Vision (ICCV). Cambridge: IEEE, 2015: 4489-4497.

[70] NOH H, HONG S, HAN B. Learning deconvolution network for semantic segmentation[C]//Proceedings of the IEEE international conference on computer vision. Cambridge: IEEE, 2015: 1520-1528.

[71] SANDLER M, HOWARDA G, ZHU M, et al. Inverted Residuals and Linear Bottlenecks: Mobile Networks for Classification, Detection and Segmentation[J/OL]. CoRR, 2018, arXiv: 1801. 04381. http://arxiv. org/abs/1801. 04381.

[72] SOOMRO K, ZAMIR A R, SHAH M. UCF101: A dataset of 101 human actions classes from videos in the wild[J]. arXiv preprint, 2012, arXiv: 1212. 0402.

[73] EVERINGHAM M, VAN GOOL L, WILLIAMS C K I, et al. The PASCAL Visual Object Classes Challenge 2012 (VOC2012) Results[EB/OL]. 2012. http://www. pascalnetwork. org/challenges/VOC/voc2012/workshop/index. html.

[74] LECUN Y, BOTTOU L, BENGIO Y, et al. Gradient-based learning appliedto document recognition[J]. Proceedings of the IEEE, 1998, 86 (11): 2278-2324.

[75] TURING A M. On Computable Numbers, with an Application to the Entscheidungsproblem [J/OL]. Proceedings of the London Mathematical Society, 1937, s2-42 (1): 230-265. https://londmathsoc. onlinelibrary. wiley. com/doi/abs/10. 1112/plms/s2-42. 1. 230.

[76] SHAN Y, HUANG Y, CHEN Y, et al. LegoOS: A Disseminated, Distributed OS for Hardware Resource Disaggregation [C/

OL]//13th USENIX Symposium on Operating Systems Design and Implementation (OSDI 18). Berkeley: USENIX Association, 2018: 69-87. https://www. usenix. org/conference/osdi18/presentation/shan.

[77]   XU Z, CHAO L, PENG X. T-REST: An Open-Enabled Architectural Style for the Internet of Things [J]. IEEE Internet of Things Journal, 2019, 6 (3): 4019-4034.

致谢

我首先要感谢我的父亲赵玉岐、母亲李改云。是他们27年来养育、教育了我，即使在我最低落时也依然完全地爱着我，使我有机会在中国科学院大学接受教育并在中国科学院计算技术研究所参与研究。如今和未来我所做出的一切研究成果都是我父母的优良家教的证明。

衷心感谢导师徐志伟研究员对我的精心指导。徐老师不仅有着敏锐的学术思想，更有着崇高的学术理想和严谨的学术精神，他的言传身教将使我受益终生。分形计算系统这项工作全程在徐老师的指导下逐渐获得凝练和升华，如果离开了徐老师的指导，这项工作必将逊色许多。衷心感谢陈云霁研究员在我多年的研究生生涯中一如导师般关照着我。陈老师在研究中启发我，在工作中敦促我，在生活中不忘关心我，是难得的良师、益友，分形冯·诺依曼体系结构这一想法最早就是由陈老师提出的。另外，还要感谢许多曾为本项工作提供指导的老师：杜子东、郭崎、支天、陈天石、李玲、孟小甫等。感谢计算所所长孙凝晖院士，孙老师对分形计算系统这项工作给予了特别关注，多次听取工作报告，给出了宝贵的意见。

分形计算系统是从工程实践中总结提炼出来的学术成果，因此它的诞生离不开早前寒武纪计算指令库在工程上的成功。该工程项目脱胎于陶劲桦师兄遗留下的代码，因此首先感谢陶劲桦师兄在前期所做出的特殊贡献；王寓卿与我结对编程创立了该工程项目，在设计思想上我们互相补充，在编程实现上我们互相支持，在一年的共同工作中结下了宝贵而真挚的战友情，没有他的辛勤工作就不会有该项目的实现。另外，特别感谢最早加入该项目开发工作的几位同学——陈小兵、庄毅敏、宋琲等，该工程项目的成功应当首先归功于他们持续多年做出的巨大贡献；感谢项目组的每一位同学和同事；最后还要感谢项目组的管理者刘少礼和 Zoran 老师对我（以及项目组）的照顾。

许多同学为我的工作提供了直接或间接的帮助，在此特别感谢他们：樊哲同学参与了分形可重配指令集结构的研究工作，分担了繁重的实验任务并参与写作，使研究结果可以按期形成论文；朝鲁师兄一直是我研究生在读期间的榜样，并且在各项必修环节中悉心指导我如何准备（本书采用了由朝鲁维护的 UCASTHESIS 模板）；曾琛师姐在实验室中一直是从不缺席的倾听者，长期为我的工作提供反馈意见；李海鑫、李振营、兰慧盈在我的必修环节中承担了文书工作。另外还要感谢一同奋战在研究工作中的宋新开、曾惜、张振兴同学；感谢在实验室一同讨论，指导过我的学习、生活、工作的梁帆、王一帆、张星洲、李春典四位师兄；感谢李奉治同学曾邀请我参加他主持的 SFFAI 学生论坛，我在那里得到了向更多同学分享分形冯·诺依曼体系结构这一成果的机会；感谢杜伟健同学，他曾在 APPT 大会上做分形冯·诺依曼体系结构主题的学术报告。

还有许多未列出姓名的老师和同学也曾在生活与工作上帮助过我，在此一并表达感谢。

攻读学位期间发表的学术论文与获奖情况

已发表（或正式接受）的学术论文：

[1] ZHAO Y W, DU Z D, GUO Q, et al. Cambricon-F：Machine Learning Computers with Fractal von Neumann Architecture ［C］// Proceedings of the 46th International Symposium on Computer Architecture（ISCA'19）. ACM, 2019：788-801.

[2] ZHAO Y W, FAN Z, DU Z D et al. Machine Learning Computers with Fractal von Neumann Architecture ［J］. IEEE Transactions on Computers, 2020, 69（7）：998-1014.

[3] DU Z D, GUO Q, ZHAO Y W, et al. Self-aware Neural Network Systems：A Survey and New Perspective ［C］//Proceedings of the IEEE. IEEE, 2020：1047-1067.

[4] 徐志伟，王一帆，赵永威，等. 算礼：探索计算系统的可分析抽象 ［J］. 计算机研究与发展，2020, 57（5）：897-905.

获奖情况：

2019 年获中国科学院计算技术研究所"所长特别奖（夏培肃奖）"奖学金。

丛书跋

2006 年，中国计算机学会（简称 CCF）创立了 CCF 优秀博士学位论文奖（简称 CCF 优博奖），授予在计算机科学与技术及其相关领域的基础理论或应用基础研究方面有重要突破，或在关键技术和应用技术方面有重要创新的中国计算机领域博士学位论文的作者。微软亚洲研究院自 CCF 优博奖创立之初就大力支持此项活动，至今已有十余年。双方始终维持着良好的合作关系，共同增强 CCF 优博奖的影响力。自创立始，CCF 优博奖激励了一批又一批优秀年轻学者成长，帮他们赢得了同行认可，也为他们提供了发展支持。

为了更好地展示我国计算机学科博士生教育取得的成效，推广博士生科研成果，加强高端学术交流，CCF 委托机械工业出版社以"CCF 优博丛书"的形式，全文出版荣获 CCF 优博奖的博士学位论文。微软亚洲研究院再一次给予了大力支持，在此我谨代表 CCF 对微软亚洲研究院表示由衷的感谢。希望在双方的共同努力下，"CCF 优博丛书"可以激励更多的年轻学者做出优秀成果，推动我国计算机领域的科技进步。

唐卫清

中国计算机学会秘书长

2022 年 9 月